职业教育机电类课程改革新规划教材

机电设备电气控制与维修

主　编　陶运道
副主编　王　凤　方　莹
参　编　刘　巍　刘大威　邓　成
主　审　郭世杰

机 械 工 业 出 版 社

本书适用于项目式教学形式，以任务来引领，以技能培养为主线。全书共分五个学习单元，18 个任务，按照从易到难、从简单到复杂的原则进行编排，力争符合学生的认知规律。内容包括低压电器的拆装与检修、三相异步电动机的拆装与控制，三相异步电动机基本电气控制电路的安装与调试、机床电气控制电路的检修及桥式起重机电气控制电路的检修。内容涵盖机电设备典型控制电路的分析、拆装及故障检修方法。

本书内容浅显，可操作性强，立体化配套完善，可作为职业院校电气、机电、数控及电工电子等专业的教学用书，也可作为相关专业工程技术人员的岗位培训教材或参考书。

本书配套免费电子教案和习题答案，选用本书作为教材的学校，均可登录机械工业出版社教材服务网（www.cmpedu.com），注册并下载。

图书在版编目（CIP）数据

机电设备电气控制与维修/陶运道主编. —北京：机械工业出版社，2013.10（2017.11 重印）

职业教育机电类课程改革新规划教材

ISBN 978-7-111-44563-0

Ⅰ.①机…　Ⅱ.①陶…　Ⅲ.①机电设备—电气控制—职业教育—教材②机电设备—维修—职业教育—教材　Ⅳ.①TM921.5②TM07

中国版本图书馆 CIP 数据核字（2013）第 253746 号

机械工业出版社（北京市百万庄大街 22 号　邮政编码 100037）

策划编辑：高　倩　责任编辑：高　倩　版式设计：常天培

责任校对：卢惠英　封面设计：赵颖喆　责任印制：杨　曦

北京云浩印刷有限责任公司印刷

2017 年 11 月第 1 版第 3 次印刷

184mm×260mm・8 印张・197 千字

3001—4900 册

标准书号：ISBN 978-7-111-44563-0

定价：18.00 元

前　　言

本书是根据中等职业学校"机电设备电气控制与维修"课程要求，并参照有关行业的职业技能鉴定规范及中级技术工人等级标准编写而成的，可作为职业院校电气机电、数控及电工电子等专业的教学用书。

本书立足中职学生的特点，本着理论够用、学了能用、突出能力培养的原则，在教材内容上突出以下特点：

1）简化教材内容，突出够用、好用和实用。

2）采用以技能训练为主线、理论知识为支撑的编写方法，有利于培养学生掌握一定的理论知识和解决问题的能力。

3）按照中职学生的认知规律，注重用图代替大段描述文字，使学生直观认识控制电路，并理解其原理。

本书由安徽化工学校陶运道担任主编，马鞍山工业学校王凤、安徽化工学校方莹担任副主编，安徽经济技术学校邓成、马鞍山工业学校刘巍、安徽工程技术学校刘大威参与编写。安徽化工学校郭世杰担任本书主审。

本书作为中等职业教育改革创新示范教材配套教学用书，非常希望得到各位老师的意见和建议，以便不断改进和提高。由于编者水平有限，书中存在不少缺点、疏漏及其他不足之处，恳请读者批评指正。

编　者

目　录

学习单元一

低压电器的拆装与检修

1. 电器的概念

用于接通和断开电路或对电路和电气设备进行保护、控制和调节的电工器件称为电器。

2. 电器分类

（1）按工作电压分类

1）低压电器：用于交流电压1200V、直流电压1500V以下电路的电器。

2）高压电器：用于交流电压1200V、直流电压1500V以上电路的电器。

（2）按用途分类

1）配电电器：主要用于供配电系统中实现对电能的输送、分配和保护。

2）控制电器：主要用于生产设备自动控制系统中对设备进行控制、检测和保护。

（3）按触点的动力来源分类

1）手动电器：通过人力实现触点动作的电器。

2）自动电器：通过非人力实现触点动作的电器。

任务一　刀开关和组合开关的拆装

【任务描述】

刀开关又称为闸刀开关或隔离开关，是手动电器中最简单且使用最为广泛的一种低压电器。在电气控制电路中，组合开关常被作为电源引入的开关，可以用它来直接起动或停止小功率电动机或控制电动机正反转、倒顺等。局部照明电路也常用它来控制。

【学习目标】

1）熟悉刀开关和组合开关的功能。

2）了解刀开关和组合开关的结构。

3）熟悉刀开关和组合开关的维护。

【任务准备】

1）平口螺钉旋具、十字螺钉旋具各一把、0号砂纸。

2）组合开关（HZ10—10/3型）、刀开关各一只。

3）万用表一块。

【实施方案】

一、观察刀开关、组合开关的结构

刀开关和组合开关的外形如图1-1所示。

　　　　　a) 刀开关　　　　　　　　　　　　　　　　　b) 组合开关

图1-1　刀开关和组合开关

二、组合开关的拆装

1）松开手柄紧固螺钉，取下手柄。

2）松开支架上的紧固螺母，取下顶盖、转轴、弹簧和凸轮等操纵机构。

3）抽出绝缘杆，取下绝缘垫板上盖。

4）拆卸三对动、静触头。

5）检查触头有无烧毛，如有烧毛，应用0号砂纸进行修整，更换损坏的触头。

6）检查转轴弹簧是否松脱，检查消弧垫是否严重磨损，根据情况调换新器件。

7）装配组合开关时，应按拆卸的逆顺序进行。

8）装配时，应注意活动触头和固定触头的相互位置是否正确及叠片连接是否紧密。

9）对于已修复和装配好的组合开关，应进行 10 次通断试运行，若不合格应重新装配。

三、通断试验（数字式万用表检查）

组合开关的通断试验电路如图 1-2 所示。

1）将数字式万用表置于 200Ω。

2）转动手柄，用万用表欧姆挡测量动、静触头的通断情况。

四、刀开关、组合开关安装注意事项

阅读刀开关、组合开关说明，在安装时要注意以下问题：

1）在安装刀开关时，手柄要向上，不得倒装或平装。

2）电源线应接在上端（静触头），负载接在下端（动触头）。

图 1-2 通断试验

【知识链接】

一、刀开关——开启式开关熔断器组

1. 开启式开关熔断器组的作用

开启式开关熔断器组主要用于电源隔离和小容量电动机不频繁起动与停止的控制电路。由于刀开关没有灭弧装置，所以不承担接通和断开开电流的任务，而只是将电路与电源隔开，以保证检修人员检修时的安全。

2. 开启式开关熔断器组的结构和电气符号

开启式开关熔断器组的外形、结构及电气符号如图 1-3 所示。

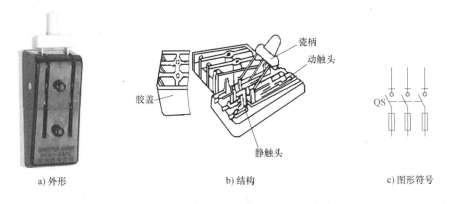

a) 外形　　　　　　　　b) 结构　　　　　　　　c) 图形符号

图 1-3 开启式开关熔断器组结构

3. 开启式开关熔断器组的型号和技术参数

开启式开关熔断器组的常用型号有 HK1、HK2、HK4 和 HK8。

开启式开关熔断器组技术参数有：

1）额定电流：刀开关在合闸位置时允许长期通过的最大电流。

2）额定电压：刀开关长期工作时，能承受的最大电压。

3）分断电流：刀开关在额定电压下能可靠分断最大电流的能力。

二、刀开关——封闭式开关熔断器组

1. 封闭式开关熔断器组的作用

封闭式开关熔断器组主要用于配电电路中的电源开关、隔离开关和应急开关。在控制电路中，可用于不频繁起动 28kW 以下的三相异步电动机。

2. 封闭式开关熔断器组的结构

封闭式开关熔断器组的结构如图 1-4b 所示，它由钢板外壳、动触头（刀式触头）、静触头（夹座）、储能操作机构、熔断器、转轴及手柄等组成。

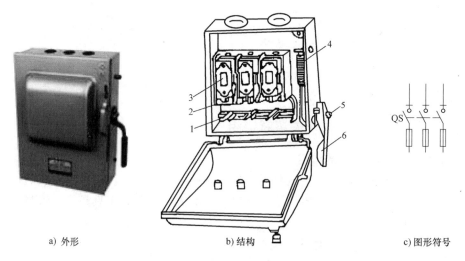

a) 外形　　　　　　　　　　b) 结构　　　　　　　　　c) 图形符号

图 1-4　铁壳刀开关实物及结构

1—刀式触头　2—夹座　3—熔断器　4—速断弹簧　5—转轴　6—手柄

3. 封闭式开关熔断器组的选用

1）作为隔离开关或控制电热、照明等电阻性负载时，其额定电流等于或稍大于负载的额定电流。

2）用于控制电动机起动或停止时，其额定电流可按大于或等于两倍电动机的额定电流选取。

三、组合开关

1. 组合开关的作用

组合开关在自动控制系统中一般用于电源引入开关或电路功能切换开关，也可直接用于控制小容量交流电动机的不频繁操作。

2. 组合开关的结构和符号

组合开关的结构如图 1-5b 所示，它由动触头、静触头、绝缘方轴、手柄、凸轮和外壳组成。

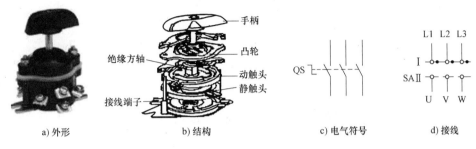

图 1-5　组合开关

根据组合开关在电路中的不同作用，组合开关的图形与文字符号有两种。当在电路中用于隔离开关时，其图形符号如图 1-5c 所示，其文字符号为 QS，机床电气控制电路中一般采用三极组合开关。图 1-5d 所示为用于转换开关使用时的图形符号，图示是一个三极组合开关，图中 Ⅰ 与 Ⅱ 分别表示组合开关手柄转动的两个操作位置，位置 Ⅰ 线上的三个空心点右方画了三个黑点，表示当手柄转动到位置 Ⅰ 时，L1、L2 与 L3 支路线分别与 U、V、W 支路线接通；而位置 Ⅱ 线上三个空心点右方没有相应黑点，表示当手柄转动到位置 Ⅱ 时，L1、L2 与 L3 支路线与 U、V、W 支路线处于断开状态。文字符号为 SA。

3. 组合开关的选用

组合开关用于隔离开关时，其额定电流应低于被隔离电路中各负载电流的总和；用于控制电动机时，其额定电流一般取电动机额定电流的 1.5 ~ 2.5 倍。

在实际应用中应根据电气控制电路的需要确定组合开关的接线方式，正确选择符合接线要求的组合开关规格。

【任务评价】

任务评价标准见表 1-1。

表 1-1　刀开关和组合开关的拆装评价表

项目内容	配分	评 分 标 准	扣分	得分
组合开关的拆装	60 分	拆装前不进行调查研究，扣 5 分 拆装思路不明确，扣 5 分 装配元件位置错误，每个扣 10 分 损坏电器元件，扣 30 分		
通断试验	30 分	电路连接不正确，扣 25 分 使用仪表和工具不正确，每次扣 5 分 结论不正确，扣 5 分		
安全、文明生产	10 分	防护用品穿戴不齐全，扣 5 分 检修结束后未恢复原状，扣 5 分 检修中丢失零件，扣 5 分 出现短路或触电，扣 10 分		

（续）

项目内容	配分	评 分 标 准	扣分	得分
工时		工时为1h,检查故障不允许超时,修复故障允许超时,每超过5min扣5分,最多可延长20min		
合计	100 分			
备注	每项扣分最高不超过该项配分			

任务二　低压断路器的检修

【任务描述】

低压断路器又称为自动开关,是一种既有手动开关作用,又能自动进行失电压、欠电压、过载和短路保护的电器。它可用来分配电能,不频繁地起动异步电动机时,对电源线路及电动机等实现保护。当它们发生严重的过载或短路及欠电压等故障时,能自动切断电路。

【学习目标】

1）了解低压断路器的结构。
2）掌握低压断路器的工作原理。
3）熟悉低压断路器的安装和维护。

【任务准备】

1）平口螺钉旋具、十字螺钉旋具各一把。
2）万用表一块。
3）低压断路器、电动机。

【实施方案】

一、观察低压断路器的结构

低压断路器实物如图 1-6 所示。

　　a) 框架式断路器　　　　　　b) 塑料式断路器　　　　c) 漏电保护式断路器

图 1-6　低压断路器实物

低压断路器的内部结构如图 1-7 所示，其作用及主要参数见表 1-2。

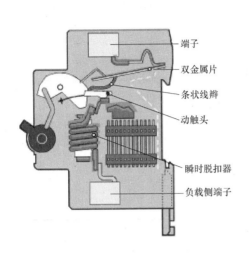

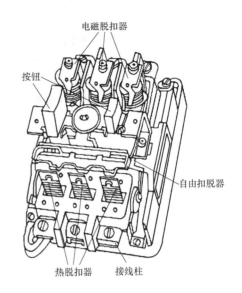

图 1-7　低压断路器的结构

表 1-2　低压断路器结构及作用

主要部件	作　　用	参　　数
电磁脱扣器	电磁脱扣器与被保护电路串联。电路中通过正常电流时，电磁铁产生的电磁力小于反作用力弹簧的拉力，衔铁不能被电磁铁吸动，断路器正常运行	
热脱扣器	热脱扣器与被保护电路串联。电路中通过正常电流时，发热元件发热使双金属片弯曲至一定程度（刚好接触到传动机构），并达到动态平衡状态，双金属片不再继续弯曲。当出现过载现象时，电路中电流增大，双金属片将继续弯曲，通过传动机构推动自由脱扣机构释放主触头，主触头在分闸弹簧的作用下分开，切断电路，起到过载保护的作用	1. 额定工作电压 2. 额定电流 3. 额定短路分断能力
触头	低压断路器的主触头在正常情况下可以接通分断负荷电流，在故障情况下还必须可靠分断故障电流	

二、低压断路器的安装与维护

（1）低压断路器的安装位置

低压断路器应垂直安装，电源线从上引入，如图 1-8 所示。低压断路器用于控制电动机时，应在其前加开关以形成明显断开点。

（2）低压断路器的维护

低压断路器使用前应将脱扣器工作面的防锈油脂擦干净，各脱扣器动作值一经调整好，不允许随意变动。应定期清除积尘，并检查各脱扣器动作值，给操作机构添加润滑剂。

三、低压断路器常见故障的检修

低压断路器的常见故障及维修方法见表 1-3。

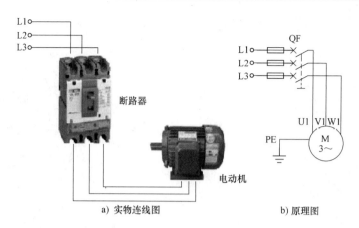

a) 实物连线图　　　　　　　　　b) 原理图

图 1-8　低压断路器的安装

表 1-3　低压断路器常见故障及维修方法

故障现象	故障原因	检修方法
不能合闸	欠电压脱扣器无电压或线圈损坏	检查线路,施加电压或更换线圈
	储能弹簧变形,导致闭合力减小	更换储能弹簧
	反作用弹簧力过大	重新调整弹簧反力
	机构不能复位再扣	调整再扣接触面至规定值
电流达到整定值,断路器不能动作	热扣脱器金属损坏	更换双金属片
	电磁脱扣器衔铁与铁心距离太大或电磁线圈损坏	调整衔铁与铁心距离或更换电磁线圈
	主触头熔焊	检查原因并更换主触头
起动电动机时断路器立即分断	电磁脱扣器瞬时动作整定值过小	调高电磁脱扣器整定值
	电磁脱扣器某些零件损坏	更换电磁脱扣器

【知识链接】

一、低压断路器的工作原理、功能及接线

1. 低压断路器的工作原理

低压断路器的结构示意图如图 1-9 所示。低压断路器的三副主触头串联在被保护的三相主电路中,由搭钩钩住弹簧,使主触头保持闭合状态。当电路正常工作时,电磁脱扣器中线圈不得电,不产生吸力,不能将它的衔铁吸合;但当电路出现故障时,电磁脱扣器线圈得电,产生吸力,使衔铁吸合,从而推动杠杆将搭钩解开,在弹簧作用下,主触头分开,从而断开了电路。

1) 过电流脱扣器:当电路发生短路

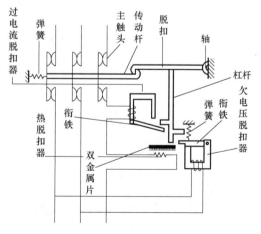

图 1-9　低压断路器的结构示意图

时，过电流脱扣器的吸力增加，将衔铁吸合，并撞击杠杆，把搭钩顶上去，在弹簧的作用下切断主触头，实现了短路保护。

2）欠电压脱扣器：当电路上电压下降或失去电压时，欠电压脱扣器的吸力减小或失去吸力，衔铁被弹簧拉开，撞击杠杆，把搭钩顶开，切断主触头，实现了欠电压和失电压保护。

3）热脱扣器：当电路过载时，热脱扣器的双金属片受热弯曲，将搭钩顶开，切断主触头，实现了过载保护。

2. 低压断路器的功能

低压断路器又称为自动开关，主要用于交直流低压电网中，既可手动也可电动分合电路，且对电路或用电设备实现过载、短路和欠电压等保护。由于低压断路器有灭弧装置，因而可以安全地带负荷合闸与分闸。

3. 低压断路器的接线

低压断路器的接线分为上进线和下进线。在安装低压断路器时，静触头应始终朝上，如图1-10所示。上进线是指电源接在静触头边，下进线是指电源接在动触头边。

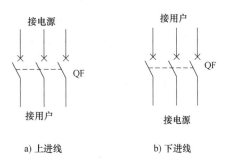

图1-10 低压断路器的电气符号与接线

二、低压断路器的分类

1. 按结构分类

低压断路器根据结构的不同可分为框架式和塑料外壳式。

2. 按用途分类

低压断路器根据用途的不同可分为配电用、电动机保护用、照明用及漏电保护用断路器。

三、低压断路器的型号说明

低压断路器的型号说明与电气符号如图1-11所示。

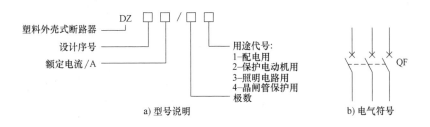

图1-11 低压断路器的型号说明

四、低压断路器的选用

选用低压断路器时，应根据具体使用条件选择使用类别，选择额定工作电压、额定电流、脱扣器整定电流和分励、欠电压脱扣器的电压、电流等参数，参照产品样本提供的保护特性曲线选用保护特性，并应对短路特性和灵敏系数进行校验。当与另外的断路器或其他保护电器之间有配合要求时，应选用选择型断路器。

1. 额定工作电压和额定电流

低压断路器的额定工作电压 U_0 和额定电流 I_0 应分别不低于线路、设备的正常额定工作电压、工作电流或计算电流。

2. 长延时脱扣器整定电流 I_{r1}

所选断路器的长延时脱扣器整定电流 I_{r1} 应大于或等于线路的计算负载电流，可按计算负载电流的 $1 \sim 1.1$ 倍整定，同时应不大于线路导体长期允许电流的 $0.8 \sim 1$ 倍。

3. 瞬时或短延时脱扣器的整定电流 I_{r2}

所选断路器的瞬时或短延时脱扣器整定电流 I_{r2} 应大于线路的尖峰电流。

4. 短路通断能力和短时耐受能力校验

低压断路器的额定短路分断能力和额定短路接通能力应不低于其安装位置上的预期短路电流。

5. 灵敏系数校验

所选定的断路器还应按短路电流进行灵敏系数校验。灵敏系数即线路中最小短路电流（一般取电动机接线端或配电线路末端的两相或单相短路电流）和断路器瞬时或延时脱扣器整定电流之比。

6. 分励和欠电压脱扣器的参数确定

分励和欠电压脱扣器的额定电压应等于线路额定电压，电源类别（交、直流）应按控制电路情况确定。

【任务评价】

任务评价标准见表 1-4。

表 1-4　低压断路器的检修评价表

项目内容	配分	评 分 标 准	扣分	得分
低压断路器的安装	30 分	安装前不进行调查研究，扣 5 分 安装思路不正确，扣 5 分 装配位置错误，扣 10 分 损坏电器元件，扣 20 分		
低压断路器常见故障的检修	60 分	切断电源后不验电，扣 5 分 使用仪表和工具不正确，每次扣 5 分 检查故障的方法不正确，扣 10 分 查出故障不会排除，每个故障扣 20 分 检修中扩大故障范围，扣 10 分 少查出故障，每个扣 20 分 损坏电器元件，扣 30 分 检修中或检修后试车操作不正确，每次扣 5 分		

（续）

项目内容	配分	评 分 标 准	扣分	得分
安全、文明生产	10分	防护用品穿戴不齐全，扣5分 检修结束后未恢复原状，扣5分 检修中丢失零件，扣5分 出现短路或触电，扣10分		
工时		工时为1h，检查故障不允许超时，修复故障允许超时，每超时5min扣5分，最多可延长20min		
合计	100分			
备注		每项扣分最高不超过该项配分		

任务三　低压熔断器的检修

【任务描述】

低压熔断器（以下简称熔断器）是低压配电网络和电力拖动系统中主要用于短路保护的电器。使用时，熔断器应串联在被保护的电路中。正常情况下，熔断器的熔体相当于一段导线；而当电路发生短路故障时，熔体能迅速熔断，从而分断电路，起到保护电路和电气设备的作用。

【学习目标】

1）了解低压熔断器的结构。

2）掌握低压熔断器的工作原理。

3）熟悉低压熔断器的安装和维护方法。

【任务准备】

1）尖嘴钳、螺钉旋具各一把。

2）万用表一只。

3）在RC1A、RL1、RT0、RM10及RS0各系列选举不少于两种规格的熔断器，具体规格可由指导教师根据实际情况给出。

【实施方案】

一、观察熔断器的结构

在教师指导下，仔细观察各种类型、规格熔断器的外形和结构，熔断器实物如图1-12所示。

二、识别熔断器

根据实物写出熔断器名称、型号规格及结构，并填入表1-5中。

a) RC1A系列熔断器　　　b) RL1系列熔断器　　c) RM10系列熔断器　　d) RT0系列熔断器

图 1-12　熔断器实物

表 1-5　熔断器的识别

序号	1	2	3	4	5
名称					
型号规格					
结构					

三、更换 RC1A 系列或 RL1 系列熔断器的熔体

熔断器的结构如图 1-13 所示。

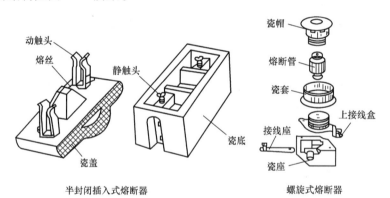

半封闭插入式熔断器　　　　　　螺旋式熔断器

图 1-13　熔断器的结构

1）检查所给熔断器的熔体是否完好。对 RC1A 系列熔断器，可拔下瓷盖进行检查；对 RL1 系列熔断器，应首先检查熔断器的熔体。

2）若熔体已断，按原规格选配熔体。

3）更换熔体。对于 RC1A 系列熔断器，安装熔丝时缠绕方向要正确，安装过程中不得损坏熔丝。对于 RL1 系列熔断器，应注意不能倒装。

4）用万用表检查更换熔体后的熔断器各部分接触是否良好。

四、熔断器的常见故障及处理方法

熔断器的常见故障及处理方法见表 1-6。

表 1-6 熔断器的常见故障及处理方法

故障现象	可 能 原 因	处理方法
电路接通瞬间,熔体熔断	熔体电流等级选择过小 负载侧短路或接地 熔体安装时受机械损伤	更换熔体 排除负载故障 更换熔体
熔体未熔断,但电路不通	熔体或接线座接触不良	重新连接

【知识链接】

一、熔断器的结构及工作原理

1. 熔断器的结构

熔断器主要由熔体、安装熔体的熔管和熔座三部分组成。

（1）RC1A 系列瓷插式熔断器

RC1A 系列瓷插式熔断器的结构如图 1-14a 所示。

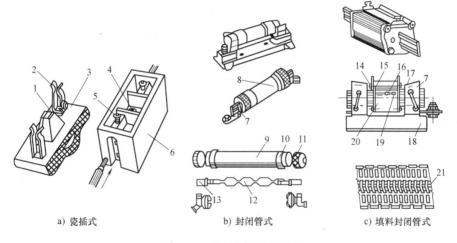

a) 瓷插式　　　b) 封闭管式　　　c) 填料封闭管式

图 1-14 低压熔断器的结构

1—熔丝 2—动触头 3—瓷盖 4—空腔 5—静触头 6—瓷座 7—夹座 8—熔管 9—钢纸管
10—黄铜套管 11—黄铜帽 12—熔体 13—刀型夹头 14—熔断指示器
15—石英砂填料 16—指示器熔丝 17—夹头 18—底座 19—熔体 20—熔管 21—锡桥

（2）RM10 系列封闭管式熔断器

RM10 系列封闭管式熔断器结构如图 1-14b 所示。

（3）RT0 系列有填料封闭管式熔断器

RT0 系列有填料封闭管式熔断器结构如图 1-14c 所示。

2. 熔断器的工作原理

熔断器在使用时，串联在电路中，当电路正常工作时，通过熔断器熔体的电流在允许范围之内；当电路发生严重短路或严重过载时，通过熔体的电流过大，过大的电流将产生过多的热量，使得熔体的温度达到熔点，熔体熔断，从而保护电路和电气设备。

从工作原理来看，过载动作的物理过程主要是热熔化过程，而短路则主要是电弧的熄灭过程。

熔断器的保护特性也就是熔体的熔断特性，也称为安秒特性。所谓安秒特性，是指熔体熔断电流与熔断时间的关系，如图 1-15 所示。从特性曲线上可以看出，熔断器的熔断时间与通过熔体的电流大小有关，同时，存在熔断电流与不熔断电流的分界线，此分界电流称为最小熔断电流，用 I_R 表示。熔断器的额定电流 I_N 必须小于最小熔断电流。熔断器的最小熔断电流 I_R 与额定电流 I_N 之比称为熔断器的熔化系数，熔化系数主要取决于熔体的材料、工作温度和结构。一般情况下，当通过熔断器的电流不超过 $1.25I_N$ 时，熔体将长期工作；当电流不超过 $2I_N$ 时，熔体约在 $30 \sim 40s$ 后熔断；当电流达到 $2.5I_N$ 时，约在 $8s$ 左右熔断；当电流达到 $4I_N$ 时，约在 $2s$ 左右熔断；当电流达到 $10I_N$ 时，熔体瞬时熔断。所以，当电路发生短路时，短路电流将使熔体瞬时熔断。

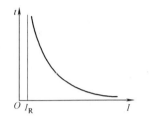

图 1-15　熔断器的安秒特性

3. 熔断器的功能

熔断器是一种结构简单、使用方便、价格低廉保护电器，广泛应用于电路的过载保护和短路保护。

二、熔断器的分类

熔断器按结构可分为插入式、螺旋式及填料封闭管式等。常用的熔断器有 RC1A、RM10、RL6、RLS2、RT14、NT 及 NGT 等系列。

三、熔断器的型号说明及电气符号

熔断器的型号说明和电气符号如图 1-16 所示。

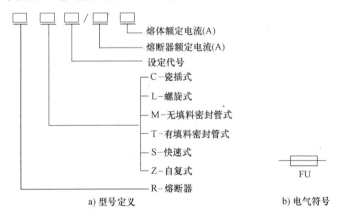

a) 型号定义　　　　　　　b) 电气符号

图 1-16　熔断器型号说明及电气符号

四、熔断器的选用

1. 熔断器类型的选用

根据电源的性质（直流或交流）、使用环境、负载性质和短路电流的大小选用适当类型的熔断器。

2. 熔断器额定电压和额定电流的选用

熔断器的额定电压必须等于或大于电路的额定电压。熔断器的额定电流必须等于或大于所装熔体的额定电流。

3. 熔体额定电流的选用

1）对于照明和电热等电路的短路保护，熔体的额定电流应等于或稍大于负载的额定电流。

2）对于一台不经常起动且起动时间不长的电动机的短路保护，应有

$$I_R \geqslant (1.5 \sim 2.5) I_N$$

3）对于多台电动机的短路保护，应有

$$I_R \geqslant (1.5 \sim 2.5) I_{Nmax} + \sum I_N$$

【任务评价】

任务评价标准见表1-7。

表1-7 熔断器检修评价表

项目内容	配分	评 分 标 准	扣分	得分
识别熔断器	30分	不能识别熔断器型号，扣5分 熔断器参数意义不明确，每错一处扣5分		
熔断器故障检修	60分	不能正确更换熔断器的熔体，扣5分 熔体额定电流选用错误，扣15分 切断电源后不验电，扣5分 使用仪表和工具不正确，每次扣5分 检查故障的方法不正确，扣10分 查出故障不会排除，每个故障扣20分 检修中扩大故障范围，扣10分 损坏电器元件，扣30分 检修中或检修后试车操作不正确，每次扣5分		
安全、文明生产	10分	防护用品穿戴不齐全，扣5分 检修结束后未恢复原状，扣5分 检修中丢失零件，扣5分 出现短路或触电，扣10分		
工时		工时为1h，检查故障不允许超时，修复故障允许超时，每超时5min扣5分，最多可延长20min		
合计	100分			
备注	每项扣分最高不超过该项配分			

任务四 继电器的拆装与检修

【任务描述】

继电器是一种根据外界输入信号来控制电路"接通"或"断开"的自动电器，主要用于控制、电路保护及信号转换。常用继电器有如下几种：

1）电磁式继电器：电压继电器、电流继电器、中间继电器和通用继电器等。

2）时间继电器。

3）热继电器。

4）速度继电器。

【学习目标】

1）了解不同类型继电器的结构。

2）掌握常用继电器的工作原理。

3）熟悉继电器的一般检修方法。

【任务准备】

1）螺钉旋具、电工刀及尖嘴钳等。

2）交流电流表（5A）、秒表。

3）实训元件见表1-8。

表1-8　元件明细表

代　号	名　称	型号规格	数　量
FR	热继电器	JR16—20、热元件16A	1
TC1	接触式调压器	TDGC2—5/0.5	1
TC2	小型变压器	DG—5/0.5	1
QS	隔离开关	HK1—30、二极	1
TA	电流互感器	HL24、100/5A	1
HL	指示灯	220V、15W	1
—	控制板	500mm×400mm×20mm	1
—	导线	BVR-4.0、BVR-1.5	若干

【实施方案】

一、了解继电器的外形及接线端子

1. 继电器的外形

继电器的外形如图1-17所示。

中间继电器　　　　时间继电器　　　　速度继电器　　　　热继电器

图1-17　继电器外形

2. 继电器的接线端子

时间继电器 HHS10 的接线如图 1-18 所示。

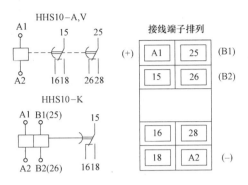

图 1-18　时间继电器 HHS10 的接线

常用小型继电器有直流式和交流式，其外形相同，触头一般为两组常开、两组常闭或四组常开、四组常闭。小型继电器接线图如图 1-19 所示。

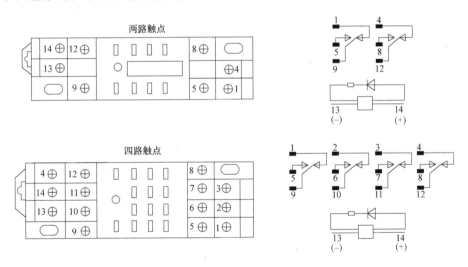

图 1-19　小型继电器接线图

二、热继电器的校验

1. 观察热继电器的结构

将热继电器的后绝缘盖板卸下，仔细观察热继电器的结构，指出动作机构、电流整定装置、复位按钮及触头系统的位置，并叙述它们的作用。

2. 热继电器的校验调整

热继电器更换热元件后应进行校验调整，其方法如下：

1）按图 1-20 连接好校验电路。将调压变压器的输出调到零位置，将热继电器置于手动复位状态，并将整定值旋钮置于额定值处。

2）经指导教师审查同意后，合上电源开关 QS，指示灯 HL 亮。

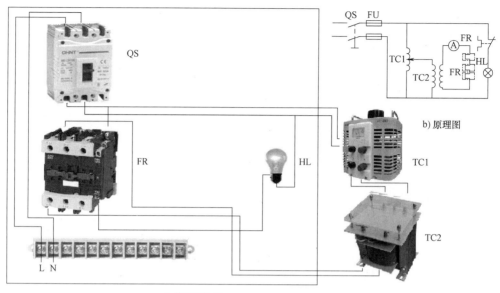

a) 实物接线图

图 1-20　热继电器校验电路接线图

3) 将调压变压器的输出电压从零升高，使热元件通过的电流升至额定值，1h 内热继电器应不动作；若 1h 内热继电器动作，则应将调节旋钮向整定值大的方向旋动。

4) 接着将电流升致额定电流的 1.2 倍，热继电器应在 20min 内动作，指示灯熄灭；若 20min 内不动作，则应将调节旋钮向整定值小的方向旋动。

5) 将电流降至零，待热继电器冷却并复位后，在调升电流至额定值的 1.5 倍，热继电器应在 2min 内动作。

6) 再将电流降至零，待热继电器冷却并复位后，快速调升电流至 6 倍额定值，分断 QS 再随即合上，其动作时间不大于 5s。

3. 复位方式的调整

热继电器出厂时，一般都在手动复位的位置，如果需要自动复位，可将复位调节螺钉顺时针旋进。自动复位时，应在动作后 5min 内自动复位；手动复位时，在动作 2min 后，按下手动复位按钮，热继电器应复位。

三、注意事项

1) 校验时，环境温度应尽量接近工作环境温度，连接导线长度一般不应小于 0.6m，连接导线的截面积应与使用的实际情况相同。

2) 校验过程中电流变化较大，为使测量结果准确，校验时注意选择电流互感器的适合量程。

3) 通电校验时，必须将热继电器、电源开关等固定在校验板上，并有指导教师监护，以确保用电安全。

4) 电流互感器通电过程中，电流表回路不可开路，接线时应特别注意。

【知识链接】

一、电磁式继电器

1. 电磁式继电器的结构

电磁式继电器的结构如图 1-21a 所示，它由电磁系统、触头系统及反作用系统组成。其中，电磁系统为感测机构，由于不专门设置灭弧装置，其触头主要用于小电流电路中（电流一般不超过 10A）。电磁式继电器的电气符号如图 1-21b 所示。

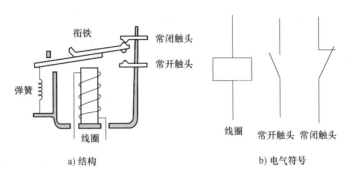

a) 结构　　　　　　　　　　　　　　　b) 电气符号

图 1-21　电磁式继电器的结构及电气符号

2. 电磁式继电器的原理

电磁式继电器的原理与接触器相同，当吸引线圈通电（或电流、电压达到一定值）时，衔铁动作，并带动触头动作。通过调节反力弹簧止动螺钉或非磁性垫片的厚度，可改变触头的动作值和释放值。

3. 电磁式继电器的分类

常用电磁式继电器的分类见表 1-9。

表 1-9　电磁式继电器的分类

	欠电压继电器:线路电压降至一定值或消失时,触头动作
电流继电器	过电流继电器:当线圈通过电流升高至整定值或大于整定值时,继电器吸合动作。当电流降低至 0.8 倍整定值时,继电器返回。
	欠电流继电器:欠电流继电器则是在线圈通过正常的额定电流时吸合动作。当通过线圈的电流小于整定值时,继电器因线圈吸力不足而释放。
中间继电器	线圈得电,触头动作(动作值与释放值不变)
通用继电器	更换不同性质线圈,可成为电压、电流及时间继电器

二、时间继电器

1. 时间继电器的结构

空气阻尼式时间继电器的结构如图 1-22 所示。

2. 时间继电器的原理

时间继电器按延时方式分为通电延时和断电延时两种。通电延时型时间继电器线圈通电后，延时触头延时动作；线圈失电后，延时触头瞬时复位。断通电延时型时间继电器线圈通

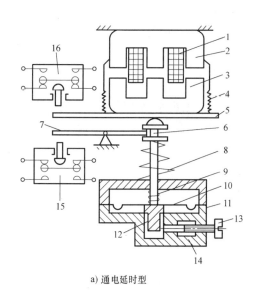
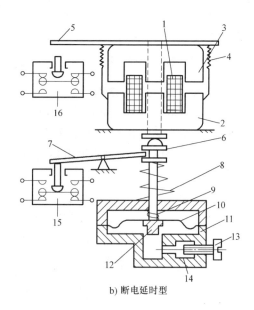

a) 通电延时型　　　　　　　　　　　　　　　　　b) 断电延时型

图 1-22　时间继电器的结构

1—线圈　2—铁心　3—衔铁　4—反作用力弹簧　5—推板　6—活塞杆　7—杠杆　8—塔形弹簧　9—弱弹簧
10—橡皮膜　11—气室　12—活塞　13—活塞调节螺钉　14—进气孔　15、16—微动开关

电后，延时触头瞬时动作；线圈失电后，延时触头延时复位。

3. 时间继电器的符号

图 1-23 为时间继电器的符号。

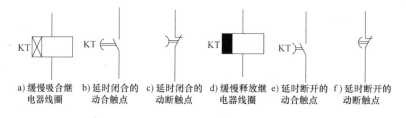

a) 缓慢吸合继　　b) 延时闭合的　　c) 延时闭合的　　d) 缓慢释放继　　e) 延时断开的　　f) 延时断开的
电器线圈　　　　动合触点　　　　动断触点　　　　电器线圈　　　　动合触点　　　　动断触点

图 1-23　时间继电器符号

三、热继电器

1. 热继电器的结构

热继电器由发热元件、双金属片、触头及一套传动和调整机构组成。发热元件是一段阻值不大的电阻丝，串接在被保护电动机的主电路中。双金属片由两种不同热膨胀系数的金属片辗压而成。在图 1-24a 中所示的双金属片，其右层一片的热膨胀系数大，左层的小。当电动机过载时，通过发热元件的电流超过整定电流，双金属片受热向上弯曲脱离扣板，使常闭触头断开。由于常闭触头是连接在电动机的控制电路中的，它的断开会使得与其相接的接触器线圈断电，从而接触器主触头断开，电动机的主电路断电，实现了过载保护。

热继电器动作后，双金属片经过一段时间冷却，按下复位按钮即可复位。热继电器的电气符号如图 1-24b 所示。

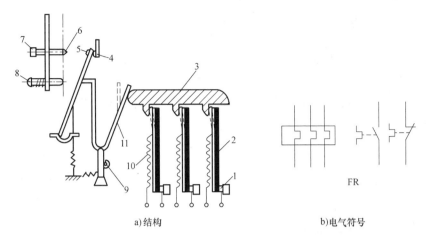

a)结构　　　　　　　　　b)电气符号

图 1-24　热继电器的结构及电气符号

1—推杆　2—主双金属片　3—导板　4、6—静触头　5—动触头　7—复位调节螺钉
8—复位按钮　9—调节旋钮　10—热元件　11—补偿双金属片

2. 热继电器原理

使用热继电器对电动机进行过载保护时，将热元件与电动机的定子绕组串联，将热继电器的常闭触头串联在交流接触器电磁线圈的控制电路中，并调节整定电流调节旋钮，使 U 形拨杆与推杆相距一适当距离。当电动机正常工作时，通过热元件的电流即为电动机的额定电流，热元件发热，双金属片受热后弯曲，使推杆刚好与 U 形拨杆接触，而又不能推动 U 形拨杆。常闭触头处于闭合状态，交流接触器保持得电状态，电动机正常运行。

若电动机出现过载情况，绕组中电流将增大，通过热继电器元件中的电流使双金属片温度升得更高，弯曲程度加大，推动人字形拨杆，人字形拨杆推动常闭触头，使触头断开，从而断开交流接触器线圈电路，接触器失电，电动机的电源被切断，电动机停车得到保护。

四、速度继电器

1. 速度继电器的结构

速度继电器的结构如图 1-25a 所示，它主要由转子、定子及触头三部分组成。速度继电器的转轴与电动机转轴相连。在速度继电器的转轴上固定着一个圆柱形的永久磁铁；磁铁的外面套有一个可以按正、反方向偏转一定角度的外环；在外环的圆周上嵌有笼型绕组。速度继电器的电气符号如图 1-25b 所示。

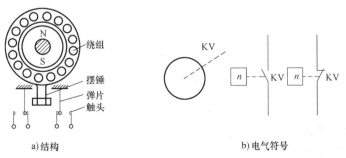

a)结构　　　　　　　　　b)电气符号

图 1-25　速度继电器的结构及电气符号

2. 速度继电器原理

当速度继电器转子随电动机转动时，它的磁场与定子短路条相切割，产生感应电势及感应电流，这与电动机的工作原理相同，故定子随着转子转动而转动起来。定子转动时带动摆锤，摆锤推动触点，使之闭合与分断。当电动机旋转方向改变时，继电器的转子与定子的转向也改变，这时定子就可以触动另外一组触点，使之分断与闭合。当电动机停止时，继电器的触点即恢复原来的静止状态。

五、继电器的一般检修方法

继电器是一种根据外界输入信号［如电气量（电压、电流）或非电气量（热量、时间、转速等）］的变化接通或断开控制电路，以完成控制或保护任务的电器。它有三个基本部分，即感测机构、中间机构和执行机构。

1. 感测机构的检修

对于电磁式（电压、电流、中间）继电器，其感测机构即为电磁系统。电磁系统的故障主要集中在线圈和动、静铁心部分。

（1）线圈故障检修

线圈故障通常有线圈绝缘损坏、受机械伤形成匝间短路或接地。由于电源电压过低，动、静铁心接触不严密，使通过线圈的电流过大，线圈发热以致烧毁。修理时，应重绕线圈。如果线圈通电后衔铁不吸合，可能是线圈引出线连接处脱落，使线圈断路。检查出脱落处后焊接即可。

（2）铁心故障检修

1）铁心故障主要有通电后衔铁吸不上。这可能是由于线圈断线，动、静铁心之间有异物，电源电压过低等造成的。应区别情况修理。

2）通电后，衔铁噪声大。这可能是由于动、静铁心接触面不平整，或有油污染造成的。修理时应取下线圈，锉平或磨平其接触面，若有油污应进行清洗。

3）噪声大可能是由于短路环断裂引起的，修理或更换新的短路环即可。

4）断电后，衔铁不能立即释放，这可能是由于动铁心被卡住、铁心气隙太小、弹簧劳损和铁心接触面有油污等造成的。检修时，应针对故障原因区别对待，或调整气隙使其保持在 $0.02 \sim 0.05\text{mm}$，或更换弹簧，或用有机溶剂清洗油污。

对于热继电器，其感测机构是热元件，其常见故障是热元件烧坏、热元件误动作和不动作。

1）热元件烧坏：这可能是由于负载侧发生短路，或热元件动作频率太高造成的。检修时，应更换热元件，重新调整整定值。

2）热元件误动作：这可能是由于整定值太小、未过载就动作，或使用场合有强烈的冲击及振动，使其动作机构松动脱扣而引起误动作造成的。

3）热元件不动作：这可能是由于整定值太小使热元件失去过载保护功能所致。检修时，应根据负载工作电流来调整整定电流。

2. 执行机构的检修

大多数继电器的执行机构都是触头系统，通过它的"通"与"断"来完成一定的控制功能。触头系统的故障一般有触头过热、磨损及熔焊等。引起触头过热的主要原因是容量不够，触头压力不够，表面氧化或不清洁等；引起磨损加剧的主要原因是触头容量太小，电弧温度过高使触头金属氧化等；引起触头熔焊的主要原因是电弧温度过高或触头严重跳动等。触头的检修顺序如下：

1）打开外盖，检查触头表面情况。

2）如果触头表面氧化，对于银触头可不作修理，对于铜触头可用油光锉锉平或用小刀轻轻刮去其表面的氧化层。

3）如果触头表面不清洁，可用有机溶剂清洗。

4）如果触头表面有灼伤烧毛痕迹，对于银触头可不必整修，对于铜触头可用油光锉或小刀整修。不允许用砂布或砂纸来整修，以免残留砂粒造成接触不良。

5）如果触头熔焊，应及时更换触头。如果是因触头容量太小造成的故障，则应更换容量大一级的继电器。

6）如果触头压力不够，应调整弹簧或更换弹簧来增大压力。若压力仍不够，则应更换触头。

3. 中间机构的检修

1）对于空气阻尼式时间继电器，其中间机构主要是气囊，常见故障是延时不准。这可能是由于气囊密封不严或漏气，使动作延时缩短，甚至不延时；也可能是气囊空气通道堵塞，使动作延时变长。修理时，对于前者，应重新装配或更换新气囊，对于后者，应拆开气室，清除堵塞物。

2）对于速度继电器，其胶木摆杆属于中间机构。如反接制动时电动机不能制动停转，就可能是胶木摆杆断裂。检修时应予以更换。

【任务评价】

任务评价标准见表 1-10。

表 1-10　继电器的拆装与检修评价表

项目内容	配分	评 分 标 准	扣分	得分
识别继电器	30 分	识别继电器型号错误，扣 5 分 继电器参数意义不明确，每错一处扣 5 分 继电器端子作用识别错误，每错一处扣 5 分		
热继电器校验	60 分	校验电路接线错误，每处扣 5 分 切断电源后不验电，扣 5 分 热继电器电流整定错误，每次扣 20 分 热继电器复位错误，扣 5 分 损坏电器元件，扣 30 分 检修中或检修后试车操作不正确，每次扣 5 分		
安全、文明生产	10 分	防护用品穿戴不齐全，扣 5 分 检修结束后未恢复原状，扣 5 分 检修中丢失零件，扣 5 分 出现短路或触电，扣 10 分		

（续）

项目内容	配分	评 分 标 准	扣分	得分
工时		工时为1h,检查故障不允许超时,修复故障允许超时,每超时5min扣5分,最多可延长20min		
合计	100分			
备注		每项扣分最高不超过该项配分		

任务五　接触器的拆装与检修

【任务描述】

接触器是控制电器,它利用电磁吸力和弹簧反力的配合作用实现触头闭合与断开,是一种电磁控制式的自动切换电器。接触器分为交流接触器和直流接触器两大类。

【学习目标】

1）了解接触器的结构。

2）掌握常用接触器的原理。

3）熟悉接触器的一般检修方法。

【任务准备】

1）螺钉旋具、活扳手、电工刀、尖嘴钳、万用表。

2）接触器。

【实施方案】

一、观察接触器

观察接触器实物,找出主触头、辅助触头、线圈及试验开关位置。

接触器实物如图1-26所示,接触器接线端子的规律如下:

1）接触器线圈的两个端子应标志为A1和A2;对具有双绕组的线圈,第一绕组标A1和A2,第二绕组则标B1和B2。

2）主电路接线端的标志:接触器主电路进线端标1、3、5,与之对应的出线端标2、4、6。

3）辅助触头接线端子的标志:每个接线端子均应用两位数表示,其个位数为功能数,如1、2表示常闭,3、4表示常开;十位数是序列数。属于相同触头元件的接线端子应用相

图1-26　接触器实物

同的序列数表示。具有相同功能的所有触头元件应具有不同序列数。

二、交流接触器的拆装与检修

1. 交流接触器的拆卸

1）卸下灭弧罩紧固螺钉，取下灭弧罩。

2）拉紧主触头定位弹簧夹，取下主触头及主触头压力弹簧片。拆卸主触头时，必须将主触头侧转 45°后取下。

3）松开常开辅助静触头的线装螺钉，取下常开静触头。

4）松开接触低部的盖板螺钉，取下盖板。在松开盖板螺钉时，要用手按住螺钉并慢慢放松。

5）取下静铁心缓冲绝缘纸片及静铁心。

6）取下静铁心支架及缓冲弹簧。

7）拔出线圈接线端的弹簧夹片，取下线圈。

8）取下反作用弹簧。

9）取下衔铁和支架。

10）从支架上取下动铁心定位销。

11）取下动铁心及缓冲绝缘纸片。

2. 交流接触器的检修

1）检查灭弧罩有无破裂或烧损，清除灭弧罩内的金属飞溅物和颗粒。

2）检查触头磨损程度，磨损严重时，应更换触头。若不需更换，则应清除触头表面上电弧喷溅的颗粒。

3）清除铁心端面的油垢，检查铁心有无变形及是否平整。

4）检查触头压力弹簧及反作用弹簧是否变形或弹力不足，如有需要，则更换弹簧。检查电磁线圈是否有短路、断路及发热现象。

3. 交流接触器的装配

按拆卸的逆顺序进行装配。装配完成后，用万用表电阻挡检查线圈及各触头是否良好；用绝缘电阻表测量各触头对地电阻是否符合要求；用手按住触头，检查运动部分是否灵活，以防接触不良、振动和噪声。

三、交流接触器的检测

1. 交流接器线圈的检测

交流接器的线圈检测接线如图 1-27 所示，万用表置电阻挡，选择合适挡位。测量线圈电阻，正常时，电阻很小。

2. 交流接触器主触头的检测

交流接触器主触头的检测接线如图 1-28 所示，万用表置于电阻挡，选择合适挡位。测量主触头断开时的电阻，正常时，电阻为无穷大。

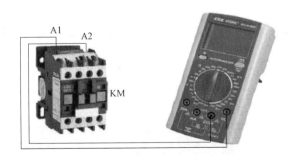

图 1-27　交流接触器线圈检测接线图

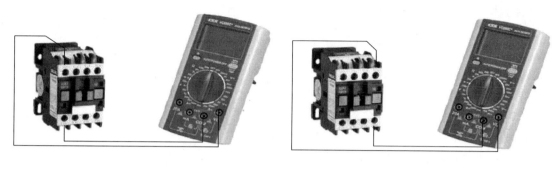

图 1-28　交流接触器主触头检测接线图　　　　　图 1-29　交流接触器辅助触头检测接线图

3. 交流接触器辅助触头的检测

交流接触器辅助触头检测接线如图 1-29 所示，万用表置电阻挡，选择合适挡位。测量辅助触头之间的电阻，正常时，常开触头之间电阻为无穷大；常闭触头之间电阻为零。

4. 交流接触器通电检测

交流接触器通电检测接线图如图 1-30 所示。

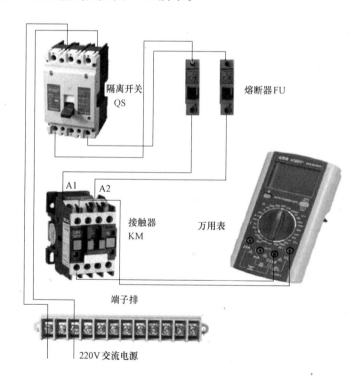

图 1-30　交流接触器通电检测接线图

万用表置电阻挡，选择合适挡位，合上 QS。测量主触头之间的电阻，正常时为零。测量辅助触头之间的电阻，正常时，常闭触头之间电阻为零，常开触头之间电阻为无穷大。

【知识链接】

一、接触器的工作原理与功能

1. 接触器的结构与工作原理

接触器的结构由线圈、主触头及辅助触头组成。主触头用于主电路的通断控制，线圈和辅助触头接在控制电路中。图 1-31 所示为交流接触器的结构。

接触器工作原理：线圈通电，触头动作；线圈失电，触头复位。

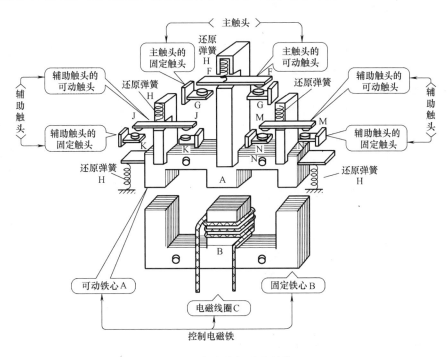

图 1-31　交流接触器的结构

2. 接触器的功能

1）远距离频繁接通和切断电动机或其他负载主电路。

2）由于具备低电压释放功能，所以还用做欠压保护电器。

二、接触器的分类

按所控制电路的种类，接触器可分为交流接触器和直流接触器两大类。

三、接触器的型号、电气符号及参数

1. 接触器的型号

接触器的型号如图 1-32 和图 1-33 所示。

例如：CJ10Z—40/3　为交流接触器，设计序号 10，重任务型，额定电流为 40A，主触头为 3 极。CJ12T—250/3 为改型后的交流接触器，设计序号 12，额定电流 250A，3 个主触头。

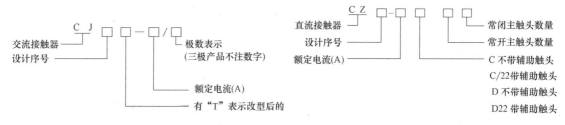

图 1-32　交流接触器型号　　　　　　　　图 1-33　直流接触器型号

我国生产的交流接触器常用的有 CJ10、CJ12、CJX1、CJ20 等系列及其派生系列产品，CJ0 系列及其改型产品已逐步被 CJ20、CJX 系列产品取代。上述系列产品一般具有三对常开主触头，常开、常闭辅助触头各两对。直流接触器常用的有 CZ0 系列，分单极和双极两大类，常开、常闭辅助触头各不超过两对。

2. 接触器的电气符号

接触器的电气符号如图 1-34 所示，其中 1-34a 为线圈，1-34b 为主触头，1-34c 为辅助触头。

3. 交流接触器的参数

（1）额定电压

额定电压指主触头的额定工作电压，应等于负载的额定电压。一只接触器常规定几个额定电压，同时列出相应的额定电流或控制功率。通常，最大工作电压即为额定电压。常用的额定电压值为 220V、380V 和 660V 等。

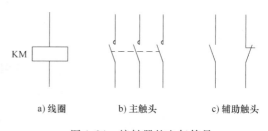

a) 线圈　　　　b) 主触头　　　　c) 辅助触头

图 1-34　接触器的电气符号

（2）额定电流

额定电流指接触器触头在额定工作条件下的电流值。在 380V 三相异步电动机控制电路中，额定工作电流可近似等于控制功率的两倍。常用额定电流等级为 5A、10A、20A、40A、60A、100A、150A、250A、400A 和 600A。

（3）通断能力

通断能力可分为最大接通电流和最大分断电流。最大接通电流是指接触器触头闭合时不会造成触头熔焊时的最大电流值；最大分断电流是指接触器触头断开时能可靠灭弧的最大电流。一般通断能力是额定电流的 5~10 倍。当然，这一数值与分断电路的电压等级有关，电压越高，通断能力越小。

（4）动作值

接触器的动作值可分为吸合电压和释放电压。吸合电压是指接触器吸合前，缓慢增加吸合线圈两端的电压，接触器可以吸合时的最小电压。释放电压是指接触器吸合后，缓慢降低吸合线圈的电压，接触器释放时的最大电压。一般规定，吸合电压不低于线圈额定电压的 85%，释放电压不高于线圈额定电压的 70%。

（5）吸引线圈额定电压

接触器正常工作时，吸引线圈上所加的电压值为吸引线圈的额定电压。一般该电压数值以及线圈的匝数、线径等数据均标于线包上，而不是标于接触器外壳铭牌上，使用时应加以注意。

（6）操作频率

接触器在吸合瞬间，吸引线圈需消耗比额定电流大 5~7 倍的电流，如果操作频率过高，则会使线圈严重发热，直接影响接触器的正常使用。为此，规定了接触器的允许操作频率，一般为每小时允许操作次数的最大值。

（7）寿命

接触器的寿命包括电气寿命和机械寿命。目前接触器的机械寿命已达一千万次以上，电气寿命约是机械寿命的 5%~20%。

四、接触器的选用

1）主触头的额定电流（或电压）大于等于负载电路的额定电流（或电压）。

2）吸引线圈的额定电压，则应根据控制电路的电压来选择。

【任务评价】

任务评价标准见表 1-11。

表 1-11 接触器拆装与检修评价表

项目内容	配分	评 分 标 准	扣分	得分
识别接触器	30 分	接触器型号识别错误，扣 5 分 接触器参数意义不明确，每错一处扣 5 分 接触器端子作用识别，每错一处扣 5 分		
交流接触器的拆卸与检测	60 分	接触器拆卸不正确，每处扣 5 分 接触器的拆卸步骤不明确，扣 20 分 接触器装配多了元件或少了元件，每件扣 5 分 交流接触器的检测步骤不明确 扣 5 分 交流接触器的检测少步骤，每步扣 5 分 损坏电器元件，扣 30 分 检修中或检修后试车操作不正确，每次扣 5 分		
安全、文明生产	10 分	防护用品穿戴不齐全，扣 5 分 检修结束后未恢复原状，扣 5 分 检修中丢失零件，扣 5 分 出现短路或触电，扣 10 分		
工时		工时为 1h，检查故障不允许超时，修复故障允许超时，每超时 5min 扣 5 分，最多可延长 20min		
合计	100 分			
备注	每项扣分最高不超过该项配分			

任务六　主令电器的拆装与检修

【任务描述】

主令电器是用来接通和分断控制电路，以发布命令或对生产过程进行程序控制的开关电器。它包括控制按钮（简称按钮）、行程开关、主令开关和主令控制器等。

【学习目标】

1）了解不同主令电器的结构。

2）掌握常用主令电器的原理。

3）熟悉主令电器的一般检修方法。

【任务准备】

1）螺钉旋具、活扳手、电工刀、尖嘴钳及万用表。

2）常用主令电器若干。

【实施方案】

一、观察主令电器

图 1-35 为几种常见主令电器。观察主令电器，了解主令电器接线端子、型号，并填入表 1-12 中。

a）控制按钮　　　　b）行程开关　　　　c）万能转换开关　　　　d）主令控制器

图 1-35　主令电器

表 1-12　主令电器

序号	1	2	3	4	5
名称					
型号规格					
结构					

二、凸轮控制器的拆装与检测

1. 凸轮控制器的拆装

拆装凸轮控制器，先观察动静触点位置。

2. 测试凸轮控制器通断情况

按图 1-36 连接凸轮控制器测试电路，万用表置欧姆挡，扳动凸轮控制器手柄，观察触头通断情况。并思考为什么？

图 1-36　凸轮控制器的结构及测试

3. 凸轮控制器的常见故障及处理方法

凸轮控制器常见故障及处理方法见表 1-13。

表 1-13　凸轮控制器常见故障及处理方法

故障现象	可　能　原　因	处　理　方　法
操作不灵活	滚动轴承损坏或卡死	修理或更换轴承
	凸轮鼓或触头嵌入异物	取出异物，修复或更换产品
触头过热或烧毁	控制器容量过小	选用较大容量的主令控制器
	触头压力过小	调整或更换触头弹簧
	触头表面烧毛或有油污	修理或清洗触头
定位不准或分合顺序不对	凸轮片碎裂脱落或凸轮角度磨损变化	更换凸轮片

【知识链接】

一、按钮

1. 按钮的结构和电气符号

按钮结构和电气符号如图 1-37 所示。常见按钮实物如图 1-38 所示。

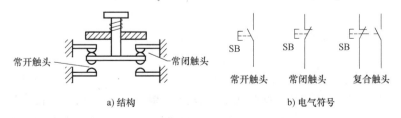

图 1-37　按钮的结构和电气符号

图 1-38 按钮实物

2. 按钮的工作原理

按钮工作原理：按下按钮，触头动作；放开按钮，触头复位。

3. 按钮的颜色规定

工作中，为了便于识别不同作用的按钮，避免误操作，国标 GB 5226.1—2008《机械电气安全 机械电气设备 第 1 部分：通用技术条件》对其颜色规定如下：

1）停止和急停按钮：红色。按下红色按钮时，必须使设备断电、停车。

2）起动按钮：绿色。

3）点动按钮：黑色。

4）起动与停止交替按钮：必须是黑色、白色或灰色，不得使用红色和绿色。

5）复位按钮：必须是蓝色；当其兼有停止作用时，必须是红色。

二、行程开关

1. 行程开关的结构和电气符号

行程开关结构和电气符号如图 1-39 所示。限位开关的结构及图形符号与行程开关相同，文字符号为 SQ。

2. 行程开关的原理

行程开关又称为位置开关，其作用和原理与按钮相同，只是其触头的动作不是靠手动操作，而是利用生产机械某些运动部件的碰撞使其触头动作。行程开关触头通过的电流一般也不超过 5A。

三、万能组合开关

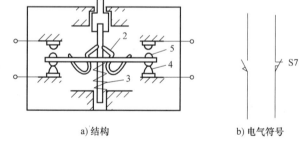

a) 结构　　　　　　b) 电气符号

图 1-39 行程开关结构和电气符号

1—操作头　2—弯曲状弹簧　3—弹簧　4、5—触头

1. 万能组合开关的结构

万能转换开关是由多组相同结构的触头组件叠装而成的多回路控制电器，即属于一种主令开关。它由操作机构、定位装置和触头三部分组成，如图 1-40a 所示。其触头为双断点桥式结构，动触头设计成自动调整式以保证通断时的同步性，静触头装在触头座内。

2. 万能组合开关功能

万能转换开关在电气原理图中的图形符号以及各位置的触头通断表如图 1-40b 所示。图中每根竖的点画线表示手柄位置，点画线上的黑点"●"表示手柄在该位置时，上面这一路触头接通。组合开关工作过程是：当操作手柄转动时，带动开关内部的凸轮转动，从而使触头按规定顺序闭合或断开。

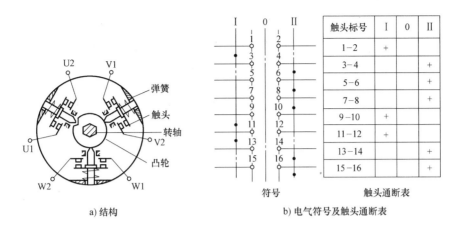

触头标号	I	0	II
1—2	+		
3—4			+
5—6			+
7—8			+
9—10	+		
11—12	+		
13—14			+
15—16			+

a) 结构　　　　　　　　　b) 电气符号及触头通断表

图 1-40　万能组合开关

四、凸轮控制器

1. 凸轮控制器的结构

凸轮控制器的结构如图 1-41a 所示，主要由转轴、凸轮块、动静触头、定位机构及手柄等组成。其触头为双断点的桥式结构，通常为银质材料，操作轻便，允许每小时接通次数较多。

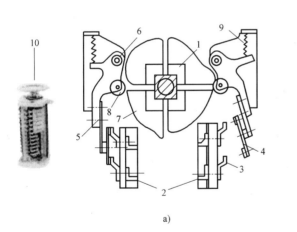

LK14－9/401

触头＼档位	4	3	2	1	0	1	2	3	4
1					×				
2					×				
3				×		×			
4						×	×	×	×
5	×	×	×	×					
6	×	×	×	×		×	×	×	
7								×	×
8	×	×						×	×
9	×								×
X—触头关合									

a)　　　　　　　　　　　b)

图 1-41　凸轮控制器

1、7—凸轮块　2—接线柱　3—静触头　4—动触头　5—支杆　6—转轴　8—小轮　9—弹簧　10—手柄

2. 凸轮控制器的原理

凸轮控制器的动作原理：当转动手柄 10 使凸轮块 7 转动时，推压小轮 8，使支杆 5 绕轴6 转动，动触头 4 与静触头 3 分断，将被操作回路断开。相反，当转动手柄 10 使小轮 8 位于凸轮块 7 的凹槽处，由于弹簧 9 的作用，使动触头 4 与静触头 3 闭合，接通被操作回路。触头闭合与分断的顺序由凸轮块的形状所决定。

凸轮控制器的选用主要根据额定电流和所需控制回路数来选择。

3. 凸轮控制器功能表

凸轮控制器功能表如图 1-41b 所示，列表示凸轮控制器所有挡位，一共有 9 挡。行表示各触头，一共有 9 对触头。如挡位在"0"挡，只有触头"1"和"2"两对触头闭合，其他触头全断开。

【任务评价】

任务评价标准见表 1-14。

表 1-14　主令电器拆装与检修评价表

项目内容	配分	评 分 标 准	扣分	得分
识别主令电器	30 分	主令电器型号识别错误,扣 5 分 继电器端子作用识别错误,每错一处扣 5 分		
凸轮控制器的拆装	40 分	拆装步骤不正确,每处扣 5 分 测试触头动作结论不正确,扣 5 分 使用工具错误,扣 5 分 测试电路接线不正确,扣 20 分 损坏电器元件,扣 30 分 检修中或检修后试车操作不正确,每次扣 5 分		
凸轮控制器故障	20 分	故障分析错误,每次扣 5 分 工具使用不正确,每次扣 5 分 故障处理错误,每个故障扣 10 分		
安全、文明生产	10 分	防护用品穿戴不齐全,扣 5 分 检修结束后未恢复原状,扣 5 分 检修中丢失零件,扣 5 分 出现短路或触电,扣 10 分		
工时		工时为 1h,检查故障不允许超时,修复故障允许超时,每超时 5min 扣 5 分,最多可延长 20min		
合计	100 分			
备注	每项扣分最高不超过该项配分			

习　题　一

一、判断题

1. 用自动开关作为机床的电源引入开关，一般就不需要再安装熔断器作短路保护。
( )

2. 欠电流继电器一般情况下衔铁处于释放状态，当电流超过规定值时触点动作。
( )

3. 笼型异步电动机的短路保护采用热继电器。　　　　　　　　　　( )

4. 三相笼型异步电动机的电气控制电路中，如果使用热继电器作过载保护，就不必再装设熔断器作短路保护。
( )

5. 接触器不具有欠电压保护的功能。　　　　　　　　　　　　　　（　　）

6. 熔断器是安全保护用的一种电器，当电网或电动机发生负荷过载或短路时能自动切断电路。　　　　　　　　　　　　　　　　　　　　　　　　　　　　（　　）

7. 若用刀开关来控制电动机，可以选用刀开关的额定电压和额定电流等于电动机的额定电压和额定电流。　　　　　　　　　　　　　　　　　　　　　　　　　（　　）

8. 热继电器和过电流继电器在起过载保护作用时可相互替代。　　　　　（　　）

9. 选用空气阻尼式时间继电器要考虑环境温度的影响。　　　　　　　（　　）

10. 触头的接触电阻不仅与触头的接触形式有关，而且还与接触压力、触头材料及触头表面状况有关。　　　　　　　　　　　　　　　　　　　　　　　　　　　　（　　）

11. 刀开关在接线时，应将负载线接在上端，电源线接在下端。　　　　（　　）

12. 失电压保护的目的是防止电压恢复时电动机自起动。　　　　　　　（　　）

13. 只要外加电压不变化，交流电磁铁的吸力在吸合前、后是不变的。　（　　）

二、选择题

1. 下列电器中不能实现短路保护的是＿＿＿＿＿。

A. 熔断器　　　　　B. 热继电器　　　　　C. 空气开关　　　　　D. 过电流继电器

2. 热继电器过载时，双金属片弯曲是由于双金属片的＿＿＿＿＿。

A. 机械强度不同　　　B. 热膨胀系数不同　　　C. 温差效应

3. 选择下列时间继电器的触头符号填在相应的括号内。

通电延时闭合的触头为＿＿＿＿＿＿＿；断电延时闭合的触头为＿＿＿＿＿＿

4. 在下列符号中，表示断电延时型时间继电器触头的是＿＿＿＿＿＿

5. 低压断路器＿＿＿＿＿＿。

A. 有短路保护，有过载保护　　　　　　　B. 有短路保护，无过载保护

C. 无短路保护，有过载保护　　　　　　　D. 无短路保护，无过载保护

6. 空气阻尼式时间继电器断电延时型与通电延时型的原理相同，只是将＿＿＿＿＿＿翻转180°安装，通电延时型即变为断电延时型。

A. 触头　　　　　　　B. 线圈　　　　　　　C. 电磁机构　　　　　D. 衔铁

7. 熔断器的额定电流和熔体的额定电流是不同的。例如，RL1-60 熔断器其额定电流是60A，但是其熔体的额定电流可以是＿＿＿＿＿＿和＿＿＿＿＿＿A。

A. 50　　　　　　　　B. 60　　　　　　　　C. 100　　　　　　　D. 1

8. 下列电器中不能实现短路保护的是＿＿＿＿＿＿。

A. 熔断器　　　　　　B. 过电流继电器　　　　C. 热继电器　　　　　D. 低压断路器

9. 通电延时时间继电器，它的动作情况是＿＿＿＿＿＿

A. 线圈通电时触头延时动作，断电时触头瞬时动作

B. 线圈通电时触头瞬时动作，断电时触头延时动作

C. 线圈通电时触头不动作，断电时触头瞬时动作

D. 线圈通电时触头不动作，断电时触头延时动作

三、填空题

1. 低压断路器常用的脱扣器有_____、_____、_____。

2. 时间继电器按延时方式可分为_____和_____型。

3. 热继电器在电路中作为_____保护，熔断器在电路中作为 保护。

4. 熔断器的作用是_____；一台 380V、5.5kW 满载起动的三相笼型电动机，应选用_____A 的熔体，若选用螺旋式熔断器，则其全型号是_____。

5. 接触器可用于频繁通断_____电路，又具有_____保护作用。

6. 选用接触器时，其主触头的额定工作电压应_____或_____负载电路的电压，主触头的额定工作电流应_____或_____负载电路的电流。

7. 行程开关也称为_____开关，可将_____信号转化为电信号，通过控制其他电器来控制运动部分的行程大小、运动方向或进行限位保护。

8. 速度继电器是用来反映_____变化的自动电器。动作转速一般不低于 300r/min，复位转速约在 100r/min。

9. 安装刀开关时，手柄要向_____装，不得_____装或_____装，否则手柄可能因动下落而引起_____，造成人身和设备安全事故。接线时，电源线接在_____端，_____端接用电器，这样拉闸后刀片与电源隔离，用电器件不带电，保证安全。

10. 按钮用来短时间接通或断开小电流，常用于_____电路，_____色表示起动，_____色表示停止。

11. 交流接触器主要由_____、_____及_____组成。

学习单元二

三相异步电动机的拆装与控制

三相异步电动机是一种由三相交流电源供电，电动机转速随负载变化稍有变化的旋转电机。在整个电动机的生产应用中，三相异步电动机居首位。

通过本单元学习：

1. 熟悉三相异步电动机工作原理
2. 掌握三相异步电动机拆装步骤
3. 掌握三相异步电动机起动、调速、制动方法

任务一　三相异步电动机的拆装

【任务描述】

本任务是让学生进行交流电动机的拆装和维修，其中重点是掌握三相异步电动机的拆装程序和拆装后的检测维修工艺。

【学习目标】

1）熟悉三相异步电动机外观、铭牌和接线方式。
2）掌握三相异步电动机的主要组成部分和简单拆装方法。
3）掌握三相异步电动机的工作原理。

【任务准备】

1）常用组合工具。
2）三相异步电动机。

【实施方案】

1. 异步电动机的拆卸

（1）准备工作

观察三相异步电动机的外形，如图2-1所示。拆卸电动机之前，必须拆除电动机与外部电气连接的导线，并做好相位标记。

图 2-1　三相异步电动机外形

（2）带轮或联轴器的拆卸

拆卸前，先在带轮或联轴器的轴伸端作好定位标记，用专用拉具将带轮或联轴器慢慢位出。拉时要注意带轮或联轴器的受力情况，务必使合力沿轴线方向，不得损坏转子轴端中心孔，如图2-2a、b所示。

（3）拆卸前轴承盖、前端盖、后轴承外盖、后端盖

拆卸前，先在机壳与端盖的接缝处（即止口处）作好标记以便复位。拆除轴承盖及端盖螺栓，拿下轴承盖，再用两个螺栓旋于端盖上两个攻丝孔中，两螺栓均匀用力向里转（较大端盖要用吊绳将端盖先挂上）将端盖拿下（无攻丝孔时，可用铜棒对称敲打，卸下端盖，但要避免过重敲击，以免损坏端盖）。卸下风罩、风扇，如图2-3a、b、c、d所示。

（4）抽出转子

继续拆卸后轴承盖、端盖后就可抽出转子了。对于小型电动机，抽出转子是靠人工进行的，为防止手滑或用力不均碰伤绕组，应用纸板垫在绕组端部进行，如图2-4所示。

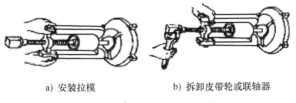

a) 安装拉模　　　　　　　　b) 拆卸皮带轮或联轴器

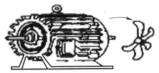

c) 拆卸风罩　　　　　　　　d) 拆卸风扇

图 2-2　带轮或联轴器的拆卸

a) 拆卸前轴承外盖　　b) 拆卸前端盖　　c) 拆卸后轴承外盖　　d) 拆卸后端盖

图 2-3　拆卸前轴承盖、前端盖、风罩、风扇

a) 一人取出转子　　　　　　　b) 二人取出转子

图 2-4　取出转子

（5）拆卸前轴承、前轴承内盖、后轴承、后轴承内盖

拆卸轴承应选用适宜的专用拉具。拉力应着力于轴承内圈，不能拉外圈，专用拉具顶端不得损坏转子轴端中心孔（可加些润滑油脂）。在轴承拆卸前，应将轴承用清洗剂洗干净，检查是否损坏，以确定有无必要更换。

2. 装配交流异步电动机

1）在转轴上装上轴承和轴承盖，

如图 2-5 所示。

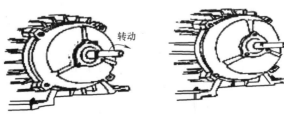

a) 转动转轴　　　　　　　　b) 均匀旋紧螺栓

图 2-5　安装轴承和轴承盖

2）将转子慢慢移入定子中。

3）安装端盖和轴承外盖。

4）安装风扇和风罩。

5）安装带轮或联轴器，如图 2-6 所示。

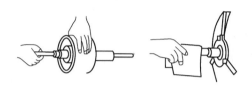

　　a) 除去带轮内孔的铁锈　　b) 除去电动机转轴外的铁锈

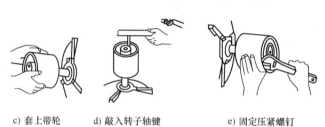

　c) 套上带轮　　　d) 敲入转子轴键　　　e) 固定压紧螺钉

图 2-6　安装带轮

3. 注意事项

1）拆装电动机后，电动机底座垫片要按原位摆放固定好，以免增加钳工对中的工作量。

2）拆装转子时，一定要遵守的要求是：不得损伤绕组，拆前、装后均应测试绕组绝缘及绕组通路。

3）拆装时，不能用手锤直接敲击零件，应垫铜、铝棒或硬木，对称敲击。

4）拆装端盖前，应用粗铜丝从轴承装配孔伸入钩住内轴承盖，以便于装配外轴承盖。

5）清洗电动机及轴承的清洗剂（汽、煤油）不准随便乱倒，必须倒入污油井内。

6）检修场地需打扫干净。

【知识链接】

一、三相异步电动机的组成

1. 三相异步电动机的结构

三相异步电动机的结构如图 2-7 所示。

（1）定子

三相异步电动机的定子由铁心、定子绕组及机座组成，其结构如图 2-8 所示。

1）铁心：由内周有槽的硅钢片叠成。定子铁心的作用是作为电机磁路的一部分，并在其上放置定子绕组。

2）定子绕组：定子绕组的是电动机的电路部分，通入三相交流电后，便可产生旋转磁场。

3）机座：机座由铸钢或铸铁组成

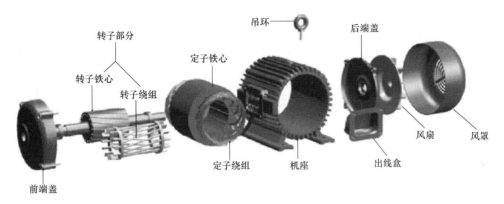

图 2-7　三相异步电动机的结构

a) 定子铁心

b) 定子绕组

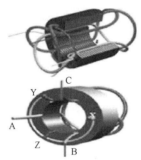

c) 定子铁心与绕组关系

图 2-8　定子的结构

（2）转子

三相异步电动机的转子由铁心和转子绕组组成，如图 2-9 所示。

a) 三相笼型异步电动机转子　　　　　　　　　　b) 三相绕线转子异步电动机转子

图 2-9　转子绕组结构

1）转子铁心：电机磁路的一部分，用于放置转子绕组。

2）转子绕组：其作用是通过切割定子旋转磁场产生感应电动势及电流，并形成电磁转矩，从而使电动机旋转。转子绕组可分为笼型转子绕组和绕线转子绕阻。

① 笼型转子绕组：铁心槽内放铜条，端部用短路环形成一体，或铸铝形成转子绕组，如图 2-9a 所示。

② 绕线转子绕组：同定子绕组一样，也分为三相，并且接成星形，如图 2-9b 所示。

2. 三相异步电动机定子绕组的联结

三相异步电动机定子绕组端子如图 2-10 所示，图 2-10a 是定子绕组接线端子；图 2-10b

是定子绕组接线端子示意图。

三相异步电动机定子绕组的连接方法有星形（丫）联结和三角形（△）联结两种。定子绕组的联结只能按规定的方法连接，不能任意改变联结方法，否则会损坏三相异步电动机。

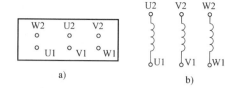

图 2-10　三相异步电动机的定子绕组端子

三相异步电动机定子绕组的联结方法如图 2-11 所示。

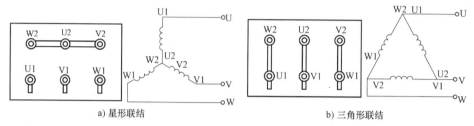

a) 星形联结　　　　　　　　　　　　　　　b) 三角形联结

图 2-11　三相异步电动机定子绕组的接法

3. 铭牌

三相异步电动机的铭牌见表 2-1。

表 2-1　三相异步电动机的铭牌

三相异步电动机					
型号	Y90L-4	电压	380V	接法	丫
容量	1.5kW	电流	3.7A	工作方式	连续
转速	1400r/min	功率因数	0.79	温升	90℃
频率	50Hz	绝缘等级	B	出产年月	×年×月
×××电机厂		产品编号		重量　　　kg	

（1）型号

三相异步电动机的型号如图 2-12 所示。

（2）额定功率 P_N

额定功率指电动机在额定运行状态下运行时电动机轴上输出的机械功率，单位为 kW。其计算公式是：

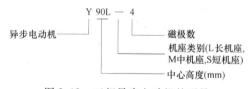

图 2-12　三相异步电动机的型号

$$P_N = \sqrt{3}\,U_{N1}I_{N1}\eta_N\cos\varphi_N$$

式中，U_{N1}、I_{N1}、η_N、$\cos\varphi_N$ 分别为电动机额定的线电压、线电流、效率及功率因数。

（3）额定电压 U_{N1}

指电动机在额定运行状态下运行时定子绕组所加的线电压，单位为 V 或 kV。

（4）额定电流 I_{N1}

指电动机加额定电压、输出额定功率时，流入定子绕组中的线电流，单位为 A。

（5）额定转速 n_N

指电动机在额定运行状态下运行时转子的转速，单位为 r/min。

（6）额定频率 f_N

我国规定的工频为 50Hz。

（7）额定功率因数 $\cos\varphi_N$

指电动机在额定运行状态下运行时定子边的功率因数。

（8）接法

指电动机定子三相绕组与交流电源的连接方法。

二、三相异步电动机的旋转磁场及工作原理

三相异步电动机的定子绕组是一个空间位置对称的三相绕组，如果在定子绕组中通入三相对称交流电流，就会在电动机内部建立起一个恒速旋转的磁场，称之为旋转磁场。旋转磁场是异步电动机工作的基本条件。

1. 旋转磁场的产生

最简单的三相定子绕组 U1-U2、V1-V2、W1-W2，它们在空间按互差120°的规律对称排列，将三相定子绕组接成星形，与三相电源相连，如图 2-13 所示，则三相定子绕组便通过三相对称电流，如图 2-14 所示。随着电流在定子绕组中流过，在三相定子绕组中就会产生旋转磁场如图 2-15 所示。

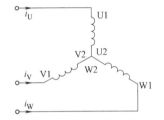

图 2-13　三相异步电动机定子接线

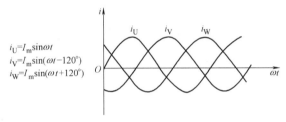

$i_U = I_m\sin\omega t$
$i_V = I_m\sin(\omega t - 120°)$
$i_W = I_m\sin(\omega t + 120°)$

图 2-14　三相对称交流电流

当 $\omega t = 0°$ 时，$i_U = 0$，绕组 U1-U2 中无电流；i_V 为负，绕组 V1-V2 中的电流从 V2 流入，V1 流出；i_W 为正，绕组 W1-W2 中的电流从 W1 流入，W2 流出；由右手螺旋定则可得合成磁场的方向如图 2-15a 所示。

当 $\omega t = 120°$ 时，$i_V = 0$，绕组 V1-V2 中无电流；i_U 为正，绕组 U1-U2 中的电流从 U1 流入，U2 流出；i_W 为负，绕组 W1-W2 中的电流从 W2 流入，W1 流出；由右手螺旋定则可得合成磁场的方向如图 2-15b 所示。

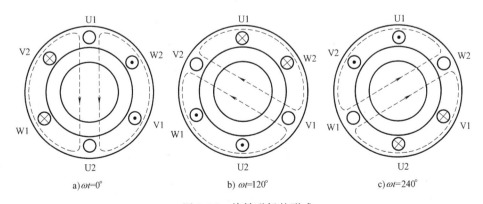

a) $\omega t = 0°$　　　　b) $\omega t = 120°$　　　　c) $\omega t = 240°$

图 2-15　旋转磁场的形成

当 $\omega t = 240°$ 时，$i_W = 0$，绕组 W1-W2 中无电流；i_U 为负，绕组 U1-U2 中的电流从 U2 流入，U1 流出；i_V 为正，绕组 V1-V2 中的电流从 V1 流入，V2 流出；由右手螺旋定则可得合成磁场的方向如图 2-15c 所示。

可见，当定子绕组中的电流变化一个周期时，合成磁场也按电流的相序方向在空间旋转一周。随着定子绕组中的三相电流不断地作周期性变化，产生的合成磁场也不断地旋转，因此称之为旋转磁场。

2. 旋转磁场的特点

1）在对称的三相绕组中通入对称的三相电流，可以产生在空间旋转的合成磁场。

2）磁场旋转方向与电流的相序一致。旋转磁场的方向是由三相绕组中电流的相序决定的，若想改变旋转磁场的方向，只要改变通入定子绕组的电流相序，即将三根电源线中的任意两根对调即可。这时，转子的旋转方向也跟着改变。

3）旋转磁场的转速（同步转速）与电流频率有关，改变电流频率可以改变旋转磁场的转速。对两极磁场而言，电流变化一周，则合成磁场旋转一周。

3. 三相异步电动机的工作原理

由以上分析可知，如果在三相定子绕组中通入三相对称电流，则在定子、转子铁心及其之间的空隙中将产生一个同步转速 n_0 的旋转磁场。磁场切割转子绕组的导体，根据电磁感应定律可知，在转子上将产生一电磁转矩。电磁转矩的方向与旋转磁场方向一致，从而使转子按旋转磁场的方向转动。

显然，电动机的转速 n 必须小于旋转磁场的同步转速 n_0。如果 $n = n_0$，则转子导体与旋转磁场之间就没有相对运动，转子导体不切割磁力线，就不会产生感应电流，电磁转矩为零，转子因而失去动力而减速。待 $n < n_0$ 时，转子导体与旋转磁场之间又存在了相对运动，产生电磁转矩。电动机在正常运行时，转子转速总是小于同步转速，"异步"因此而得名。

4. 三相异步电动机的磁极数与转速

三相异步电动机的磁极数就是旋转磁场的磁极数。旋转磁场的磁极数和三相绕组的安排有关。当每相绕组只有一个线圈，三相绕组的首端之间相差 120°空间角度时，产生的旋转磁场具有一对磁极，即 $p = 1$；当每相绕组为两个线圈串联，三相绕组的首端之间相差 60°空间角度时，产生的旋转磁场具有两对磁极，即 $p = 2$；同理，如果要产生三对磁极，即 $p = 3$ 的旋转磁场，则每相绕组必须有均匀安排在空间的串联的三个线圈，三相绕组的首端之间相差 40°空间角度。

通过进一步研究，可得如下公式：

$$n_0 = \frac{60f}{p}$$

式中，n_0 为旋转磁场的转速，又称为同步转速（r/min）；f 为三相电源的频率（Hz）；p 为磁极对数。

电动机的同步转速与转子转速之差称为转差，转差与同步转速的比值称为转差率，用 s 表示，即

$$s = \frac{n_0 - n}{n_0} \times 100\%$$

转差率是分析异步电动机运动情况的一个重要参数。在电动机起动时，$n = 0$，$s = 1$；

当 $n = n_0$ 时（理想空载运行），$s = 0$；电动机稳定运行时，n 接近 n_0，s 很小，一般 s 为 $2\% \sim 8\%$。

5. 三相异步电动机转差率的计算

【例 2-1】　一台三相异步电动机，其额定转速 $n = 975\mathrm{r/min}$，电源频率 $f_1 = 50\mathrm{Hz}$。试求电动机的磁极对数和额定负载下的转差率。

解：根据异步电动机转子转速与旋转磁场同步转速的关系可知，$n_0 = 1000\mathrm{r/min}$，即

$$s = \frac{n_0 - n}{n_0} \times 100\% = \frac{1000 - 975}{1000} \times 100\% = 2.5\%$$

【任务评价】

任务评价标准见表 2-2。

表 2-2　三相异步电动机拆装与检修评价表

项目内容	配分	评 分 标 准	扣分	得分
基本知识	30 分	三相异步电动机型号识别错误，扣 5 分 三相异步电动机定子端子接线方式不正确，扣 5 分 三相异步电动机铭牌意义不正确，扣 10 分		
拆卸与安装	60 分	使用仪表和工具不正确，每次扣 5 分 拆卸的方法不正确，扣 10 分 拆卸元件不做标志，每件扣 5 分 损坏电器元件，扣 30 分 检修操作不正确，每次扣 5 分 安装后有剩余元件，每件 5 分		
安全、文明生产	10 分	防护用品穿戴不齐全，扣 5 分 检修结束后未恢复原状，扣 5 分 检修中丢失零件，扣 5 分 出现短路或触电，扣 10 分		
工时		工时为 1h，检查故障不允许超时，修复故障允许超时，每超时 5min 扣 5 分，最多可延长 20min		
合计	100 分			
备注	每项扣分最高不超过该项配分			

任务二　三相异步电动机的起动、调速和制动控制

【任务描述】

三相异步电动机总是工作在起动、调速和制动三种状态，通过本任务学习掌握三相异步电动机起动、调速和制动的方法及原理。

【学习目标】

1）熟悉三相异步电动机起动、制动和调速的原理。

2）掌握三相异步电动机的起动、制动和调速方法。

3）学会三相异步电动机的起动、制动和调速的接线方法。

【任务准备】

1）交流电压表、交流电流表、万用表、转速表。

2）三相调压器、断路器、三相异步电动机。

【实施方案】

1. 连接电路

按图 2-16 接好电路，并旋转调压器手柄，将调压器输出电压调到最小位置。

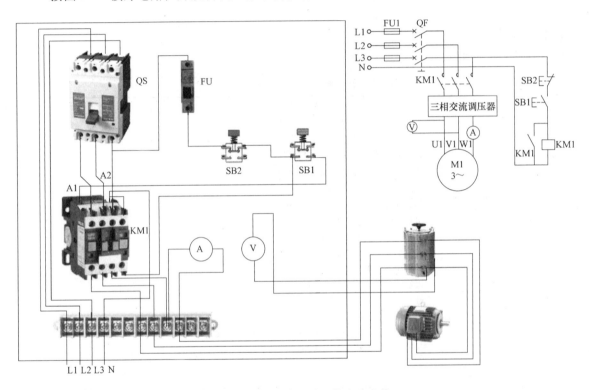

图 2-16　三相异步电动机的电路连接

2. 检测定子绕组首末端

用万用表检测电动机定子每相绕组的首末端，并在图 2-17a 中记下同一相绕组首末端在接线盒中的位置。

用万用表 $R \times 1$ 挡估测每相绕组的电阻值。$R_U =$ _____ Ω，$R_V =$ _____ Ω，$R_W =$ _____ Ω。

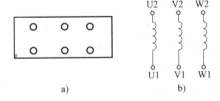

a)
b)

图 2-17　定子绕组端子

3. 电动机的减压起动

闭合电源开关 QS，按下 SB1，顺时针方向旋转调压器的手柄，慢慢地升高电源电压至额定值，观察起动电流大小。

电动机转速 $n = 0 \text{r/min}$ 时，$I =$ _____ A。并比较起动电流和额定电流的大小。

4. 改变三相异步电动机的转向

按下 SB1，断开电源开关 QS，调换电动机定子端子的任两相电源线。重新起动电动机，观察电动机的转向，并得出结论。

【知识链接】

一、三相异步电动机的起动

电动机开始工作时，转子总是从静止状态开始转动起来，这种从静止到正常运转的加速过程称为起动。由于起动瞬间电动机转速为 0，转差率 $s=1$，也就是说，旋转磁场和静止转子间的相对速度很大，因此，转子中感应电动势很大，转子电流也就很大，定子电流也随着转子电流的增大而增大。起动时的定子电流称为起动电流。

电动机在额定电压下起动称为直接起动。直接起动的电流约为额定电流的 5～7 倍。起动电流大对电动机本身没有太大影响，且随着电动机转速的迅速升高，电流很快减小。但是，过大的起动电流将使供电线路产生较大的电压降，造成电网电压显著下降，从而影响在同一电网上的其他用电设备的正常工作。对于正在起动的电动机本身，也会因电压下降过大，起动转矩减少，延长起动时间，甚至不能起动。因此，在供电变压器容量较大，电动机容量较小的前提下，三相异步电动机可以直接起动。否则异步电动机起动时应采用适当的起动方法，如减压起动。

电动机采用直接起动还是减压起动也可以用下面的经验公式判断：

$$\frac{I_{st}}{I_N} = \frac{3}{4} + \frac{电源变压器(kV \cdot A)}{4 \times 电动机容量(kW)}$$

式中，I_{st} 为电动机直接起动电流（A）；I_N 为电动机额定电流（A）。

若计算结果符合上面的经验公式，则采用减压起动；反之，则采用直接起动。

1. 笼型异步电动机的直接起动

电动机起动时，通过一些直接起动设备把全部电源电压（即全压）直接加到电动机的定子绕组，显然，这时起动电流较大，可达额定电流的 4～7 倍。

对于经常起动的电动机，过大的起动电流将造成电动机发热，影响电动机寿命；起动电流将造成电动机绕组电动力过大，使绕组发生变形，可能造成短路，甚至烧毁电动机；过大的起动电流还会使线路压降增大，使电网电压下降过多，从而使接在该电网中的其他负载不能正常工作。

2. 笼型异步电动机减压起动

（1）定子串电阻减压起动

电动机起动时，定子绕组串入电阻可实现减压起动，待电动机转速提高到一定数值时，切除电阻便可进入全压运行状态。定子串电阻减压起动电路如图 2-18 所示。

定子串电阻或电抗减压起动具有起动平稳、运行可靠及构造简单等优点；定子串电阻减压起动还具有起动阶段功率因数较高的

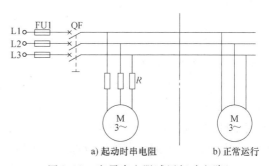

图 2-18 定子串电阻减压起动电路

优点；但是，定子串电阻起动能量损耗较多，实际应用较少。

（2）丫-△减压起动

在起动时，先将三相定子绕组联结成星形，待转速接近稳定时再联结成三角形。这样，起动时联结成星形的定子绕组电压与电流都只有三角形联结时的$\frac{1}{\sqrt{3}}$，由于三角形联结时绕组内的电流是线路电流的$\frac{1}{\sqrt{3}}$，而星形联结时两者则是相等的。因此，联结成星形起动时的线路电流只有联结成三角形直接起动时线路电流的$\frac{1}{3}$。

丫-△减压起动是一种应用十分广泛的起动方式。但由于起动转矩小，且起动电压不能按实际需要调节，故只适用于空载或轻载起动的场合，且只适用于正常运行时定子按三角形联结的异步电动机。

（3）自耦变压器减压起动

利用自耦变压器来降低电动机起动时的电压，可达到限制起动电流的目的。起动时，电源电压加在自耦变压器的一次绕组上，电动机的定子绕组与自耦变压器的二次绕组相连。当电动机的转速接近额定值时，将自耦变压器切除，电动机直接与电源相连，在正常电压下运行。这个使电动机减压起动的自耦变压器也称为起动补偿器（即本任务中的调压器）。其电路如图 2-19 所示。

自耦变压器减压起动适用于电动机正常运转时定子绕组接成丫形，且不能采用丫-△减压起动方式的三相笼型异步电动机。自耦变压器减压起动与丫-△减压起动

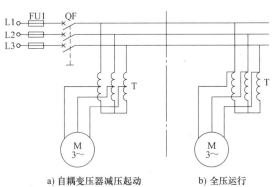

a) 自耦变压器减压起动　　b) 全压运行

图 2-19　自耦变压器减压起动电路

相比，其起动电压、起动转矩可通过不同的抽头来调节，具有调整灵活的优点，但起动设备费用大，通常用于起动大型和特殊用途的电动机。

3. 绕线转子异步电动机的起动

绕线转子异步电动机过电流能力弱，故需要设置过电流保护装置，实现过电流、过载及短路保护功能。绕线转子异步电动机常用的起动控制有转子串电阻分级起动和转子串频敏变阻器减压起动。

绕线式导步电动机转子串电阻起动原理如图 2-20 所示。电动机切断电源停转时，应将电刷放下，并将集电环开路，变阻器再调在最大电阻位置，即 S1、S2、S3 断开，转子每相串入三段电阻。合上 QF，电动机转速从零开始起动，当转速上升到一定值后，合上 S1，电动机转子每相切除一段电阻、每相此时串两段电阻继续起动。当转速继续又上升到另一定值后，合上 S2，转子每相又切除一段电阻，此时每

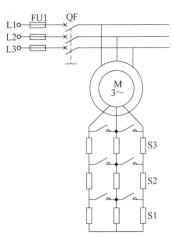

图 2-20　绕线转子异步
电动机的起动过程

相串一段电阻继续起动。当转速继续再上升一定值后，合上 S3，切除所有三段电阻，转子每相串入电阻为零，至些电动机完成了起动过程，进入运行状态。

　　绕线转子异步电动机转子串联起动电阻，既可减小起动电流，又可增大起动转矩，从而减少了起动时间，适用功率较大的重载起动。

二、三相异步电动机的制动

　　电动机的制动是指在电动机的轴上加上一个与其旋转方向相反的转矩，使电动机减速或停止。电动机的制动方法见表 2-3。

表 2-3　三相异步电动机制动方法

机械制动	电磁抱闸制动	
电气制动	能耗制动	
	反接制动	倒拉反接制动
		电源反接制动
	回馈制动	

1. 机械制动

　　机械制动的基本原理是：当电动机的定子绕组断电后，利用机械装置使电动机立即停转。典型的机械制动器是电磁抱闸制动器，如图 2-21 所示。

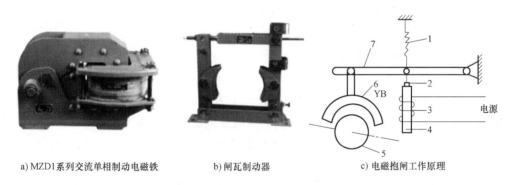

a) MZD1系列交流单相制动电磁铁　　b) 闸瓦制动器　　c) 电磁抱闸工作原理

图 2-21　电磁抱闸制动器
1—弹簧　2—衔铁　3—线圈　4—铁心　5—闸轮　6—闸瓦　7—杠杆

　　电磁抱闸制动器的工作原理：电磁抱闸制动器线圈通电后，杠杆向下运动，从而使闸轮抱紧电动机的轴，使电动机很快停转。

2. 电气制动

　　（1）能耗制动

　　电动机在运行过程中，断开三相电源的同时，给电动机其中两相绕组通入直流电流，直流电流形成的固定磁场与旋转的转子作用，产生了与转子旋转方向相反的转距（制动转距），从而使转子迅速停止转动。

　　（2）倒拉反接制动

　　起重设备工作中常需要绕线转子异步电动机拖动重物低速下放，此时，可采取电动机电磁转矩向上，而转速与电磁转矩方向相反的工作方式，这种方式称为倒拉反接制动。

（3）电源反接制动

停车时，将接入电动机的三相电源线中的任意两相对调，使电动机定子产生一个与转子转动方向相反的旋转磁场，从而获得所需的制动转矩，使转子迅速停止转动。

（4）回馈制动

当电动机转子的转速大于旋转磁场的转速时，旋转磁场产生的电磁转距作用方向发生变化，由驱动转距变为制动转距。电动机进入制动状态，同时，将外力作用于转子的能量转换成电能回送给电网。

三、三相异步电动机的调速

在实际应用中，异步电动机常常需要进行调速。从下式可知三相异步电动机调速方法有以下三种。

$$n = (1 - s) n_0 = (1 - s) \frac{60 f_1}{p} \tag{2-1}$$

式中，n_0 为同步转速；s 为转差率；f_1 为电网的频率；p 为定子绕组磁极对数。

1. 变极调速

变极调速是通过改变旋转磁场的磁极对数 p 来达到改变电动机转速的目的。由式（2-1）可知，若电源频率一定，磁极对数减小一半，则电动机同步转速将提高一倍，转子转速将相应提高。

变极调速的优点是设备简单、操作方便、效率高，缺点是转速只能成倍变化，为有极调速。

图 2-22 是双速电动机的调整方案，低速时，定子绕组接成三角形（△），磁极数为两对极；高速时，定子绕组接成双星形（丫丫），磁极数变成一对极。变极调速有"反转向方案"和"同转向方案"两种方法。采用"反转向方案"时，变极后，电源相序不变，电动机将反转；采用"同反转向方案"时，变极后应改变电源相序，电动机变极前后转向不变。在图 2-22a 中，断开 S2、S3，合上 S1，电动机低速运行；断开 S1，合上 S2、S3，电动机高

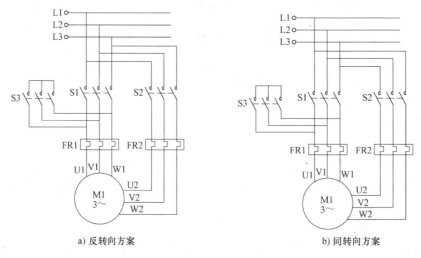

a) 反转向方案　　　　　　　　　　b) 同转向方案

图 2-22　变极调速两种方案

速运行。由于电源相序不变，所以低速和高速时电动机旋转方向相反。在图 2-22b 中，断开 S2、S3，合上 S1，电动机低速运行；断开 S1，合上 S2、S3，电动机高速运行。由于电源相序变化，所以低速和高速电动机旋转方向相同。

2. 变频调速

由于三相异步电动机的同步转速 n_0 与电源频率 f_1 成正比，改变电源频率可以平滑地调节三相异步电动机的转速，从而实现无级变速。

变频调速时，在额定频率以下，电压与频率成正比减小，定子与转子之间气隙磁通不变，属于恒转矩调速方式。在额定频率以上，频率上升，电压不变，定子与转子之间气隙磁通减小，属于恒功率调速方式。

3. 改变电动机的转差率 s 调速

常用的改变转差率调速方法有绕线转子异步电动机转子电路串电阻调速。

【任务评价】

任务评价标准见表 2-4。

表 2-4 三相异步电动机起动、调速和制动操作评价表

项目内容	配分	评分标准	扣分	得分
电动机基本知识	30 分	电动机运行状态认识错误，每处扣 5 分 三相异步电动机起动方法叙述每错一处，扣 5 分 三相异步电动机调速方法叙述每错一处，扣 5 分 三相异步电动机制动方法叙述每错一处，扣 5 分		
电动机测试	60 分	使用仪表和工具不正确，每次扣 5 分 电动机定子每相绕组的首末端检测不正确，扣 10 分 电路接线不正确，扣 20 分 电路接线不规范，扣 5 分 损坏电器元件，扣 30 分 检修中或检修后试车操作不正确，每次扣 5 分		
安全、文明生产	10 分	防护用品穿戴不齐全，扣 5 分 检修结束后未恢复原状，扣 5 分 检修中丢失零件，扣 5 分 出现短路或触电，扣 10 分		
工时		工时为 1h，检查故障不允许超时，修复故障允许超时，每超时 5min 扣 5 分，最多可延长 20min		
合计	100 分			
备注	每项扣分最高不超过该项配分			

习 题 二

一、选择题

1. Y-△减压起动时，正确的说法有（   ）

A. 起动电压小，起动电流小　　B. 起动电压小，起动电流大

C. 起动电压大，起动电流小　　D. 起动电压大，起动电流大

2. 笼型异步电动机的减压起动的方法有（　　　　）

A. 直接起动　　　　　　　　　　B. 丫-△减压起动

C. 频敏变阻器起动　　　　　　　D. 逐级切除起动电阻

3. 制动措施可分为（　　　）和（　　　）两大类。

A. 能耗制动　　　B. 电气制动　　　C. 反接制动　　　D. 机械制动

4. 丫-△减压起动定子绕组接法正确的是（　　　　）。

A.减压起动 全压运行　　　　　　　　　　B.减压起动 全压运行

C.减压起动 全压运行　　　　　　　　　　D.减压起动 全压运行

二、填空题

1. 制动措施可分为电气制动和机械制动两大类。电气制动有＿＿＿＿＿＿＿＿、＿＿＿＿＿＿＿＿、＿＿＿＿＿＿以及＿＿＿＿＿＿四种，是用电气的办法使电动机产生一个与转子转向相反的制动转矩。

2. 笼型异步电动机的减压起动方法有＿＿＿＿＿＿、＿＿＿＿＿＿和＿＿＿＿＿＿。

3. 三相异步电动机的工作原理是基于＿＿＿＿＿＿＿＿＿＿＿＿。

4. 三相异步电动机根据转子的不同可分为＿＿＿＿＿＿和＿＿＿＿＿＿。

5. 三相异步电动机的定子绕组接线方式分为＿＿＿＿＿＿和＿＿＿＿＿＿。

6. 三相异步电动机的额定功率是指＿＿＿＿＿＿。

7. 三相异步电动机的电气制动包括＿＿＿＿＿＿、＿＿＿＿＿＿、＿＿＿＿＿＿。

学习单元三

相异步电动机基本电气控制电路的安装与调试

任何复杂的电气控制电路都是按照一定的控制原则，由基本的控制电路组成的。了解基本控制电路是学习电气控制的基础，特别是对生产机械整个电气控制电路工作原理的分析与设计有很大的帮助。

电气控制的基本电路有三相异步电动机的起动、制动和调速电路。

任务一　三相异步电动机直接起动控制电路的安装与调试

【任务描述】

　　一般三相笼型异步电动机在额定电压下直接起动，其起动电流可达额定电流的 4~7 倍，对于不频繁起动的笼型异步电动机，短时大电流不会造成不良后果，但是，直接起动的电动机会对其供电变压器产生一定的影响。当电动机额定容量相对较大时，电动机短时的较大起动电流会使变压器输出电压短时下降幅度过大，有可能使电动机本身由于起动电压太低，起动转矩下降更多（起动转矩与电源电压的二次方成正比），因而在负载较重时起动不起来，同时也会影响到由同一台配电变压器供电的其他负载的正常运行。显然，这样的直接起动是不允许的。

【学习目标】

　　1）了解三相异步电动机直接起动的条件。
　　2）掌握三相异步电动机点动、正反电路的控制原理。
　　3）熟悉电气控制电路接线图。
　　4）掌握阅读电气原理图的方法。

【任务准备】

　　1）常用电工组合工具一套。
　　2）接触器、断路器、热继电器、熔断器及三相异步电动机。
　　3）控制柜。

【实施方案】

一、观察电路元件接线端子规律

　　接触器、热继电器实物如图 3-1 所示。

1. 接触器接线端子一般规律

　　线圈接线端子的标志：接触器线圈的两个端子应标志为 A1 和 A2；对于具有双绕组的线圈，第一绕组标 A1 和 A2，第二绕组标 B1 和 B2。

　　主电路接线端的标志：主电路共有 1\L1-2\T1、3\L2-4\T2、5\L3-6\T3、7\L4-8\T4 四对主触点接触器主电路进线端标 1、3、5、7 与之对应的出线端标 2、4、6、8。

　　辅助触头接线端子的标志：每个接线端子均应用两位数表示，其个位数为功能数，如 1、2 表示常闭，3、4 表示常开；十位数是序列数。11-12、23-24、33-34、41-42 四对辅助触头，常

a）接触器　　　　b）熔断器

图 3-1　接触器、热继电器实物

开、常闭各两对。

2. 热继电器端子

三个主触点和一个常闭辅助触点

二、控制电路接线

1）阅读电气原理图，选择元器件，完成元器件布置及接线，如图 3 -2 所示。

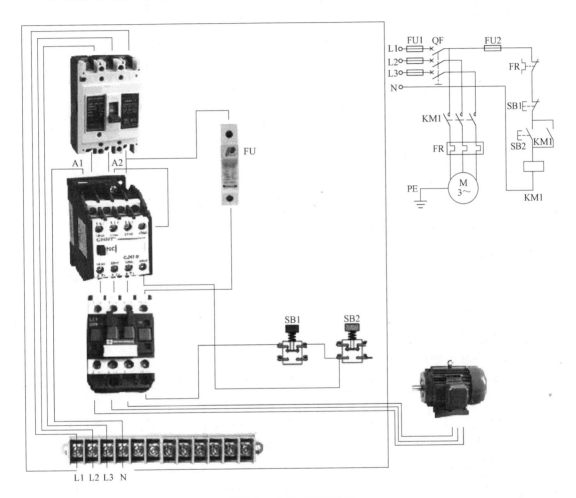

图 3-2　电气安装接线图

2）检查无误后送电。完成接线后，征得指导老师同意后，送电。按下 SB2，电动机起动；按下 SB1，电动机停转。

【知识链接】

一、三相异步电动机直接起动电路

三相异步电动机直接起动就指电动机直接在额定电压下进行起动。当电动机容量较小时，才能采用直接起动。

1. 三相异步电动机直接起动控制电路的组成

三相异步电动机直接起动控制电路由主电路和控制电路组成，单向点动和连续运行控制电路如图 3-3 所示。主电路由断路器和热继电器实现电动机短路、过载保护，接触器 KM1 主触头实现电动机电源的通断控制。控制电路由控制按钮实现电动机起动和停止的控制。

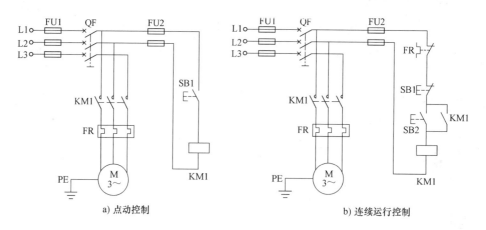

a) 点动控制　　　　　　　　　　　　　　b) 连续运行控制

图 3-3　三相异步电动机直接起动控制电路

2. 点动控制电路的工作原理

点动控制电路如图 3-3a 所示。

1）电动机起动：按下按钮 SB1 ——→KM1 线圈得电，其主触头闭合——→电动机 M 起动运行。

2）电动机停车：松开按钮 SB1 ——→KM1 线圈断电，其主触头断开——→电动机 M 停车。

3. 连续运行控制电路的工作原理

连续运行控制电路如图 3-3b 所示。

1）电动机起动：按下按钮 SB2，然后松开——→KM1 线圈得电，主触头闭合，常开辅助触头闭合，实现自锁——→电动机 M 起动运行。

2）电动机停车：按下按钮 SB1⁻——→KM1 线圈断电，其主触头断开——→电动机 M 停车。该电路特点为 KM1 通电实现自锁，这是保证电动机连续运行的原因。

4. 电气控制原理符号

元件符号上标为" ＋ "时，该元件为通电或受力状态。如 SB1 ⁺ 表示 SB1 被按下的状态。

元件符号上标为" − "时，表示该元件未受力或未通电状态；如 KM1 ⁻ 表示接触器线圈断电状态。

SB2 ᵗ 表示 SB2 先按下去接着松开的状态。

KM1 ⁺ 自保 表示接触器线圈通电后，触头保持状态。

二、三相异步电动机正反转控制电路

1. 电路工作原理

三相异步电动机正反转控制电路如图 3-4 所示。

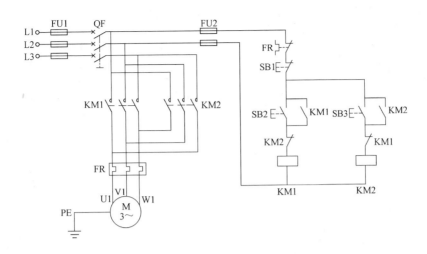

图 3-4　三相异步电动机正反转控制电路

（1）主电路

熔断器 FU1、断路器 QF、热继电器 FR 实现电动机的短路和过载保护。

将电动机三相电源中的任两相相序对调，即可实现电动机的反转。KM1 主触头闭合，KM2 主触头断开时，电动机相序是：L1—U1，L2—V1，L3—W1，电动机正转；KM2 主触头闭合，KM1 主触头断开，电动机相序是：L1—W1，L2—V1，L3—U1，此时，电源两相对调，电动机反转。

（2）控制电路工作原理

正转：$SB2^{\pm}$——→$KM1^{+}_{自保}$——→M^{+}（电动机正转）

反转：$SB3^{\pm}$——→$KM2^{+}_{自保}$——→M^{+}（电动机反转）

停车：$SB1^{\pm}$——→$KM1^{-}/(KM2^{-})$——→M^{-}（电动机停转）

2. 电路特点

1）SB2、SB3 分别是正反转起动按钮，SB1 是停车按钮。

2）互锁。在 KM1、KM2 线圈回路中互相串入对方的常闭触头，形成了在任何情况下，KM1、KM2 只能有一个线圈得电。从而保证主电路不会因 KM1、KM2 同时得电而造成电源短路。

3）电动机实现三重保护。电动机利用断路器、熔断器和热继电器实现三重保护。在电动机的主电路中，既装有热继电器，还装有熔断器，其根本原因是：熔断器在电路中做瞬时过载保护和短路保护。热继电器在电路中做过载保护，由于热继电器中的发热元件有热惯性，在电路中不能做瞬时过载保护，更不能做短路保护。

三、阅读三相异步电动机正反转控制电路接线图

电气安装接线图是表示电器元件之间的实际接线情况，在阅读接线图时有以下要注意以下问题：

1）接线图中各元器件要和电气原理图一一对应。

2）在画接线图时，可以用连线方法，也可以用标号法。图 3-6 用了两种方法。标号法

是两元件相连端子用同一标号，如图 3-5，断路器 QF 和 FU1 端子用 U1、V1、W1 连接，它们分别相连。

3）不同控制柜、控制屏上电气元件的电气连接必须通过端子板连接。

4）电气安装接线图中走线方向相同的导线用线束或穿管。

三相异步电动机正反转控制电路接线图如图 3-6 所示。

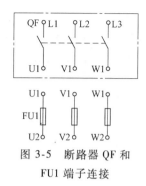

图 3-5　断路器 QF 和
FU1 端子连接

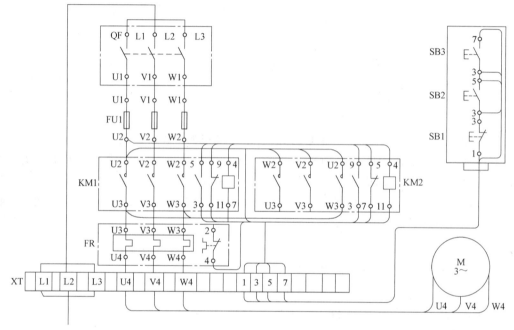

图 3-6　三相异步电动机正反转控制电路接线图

【任务评价】

任务评价标准见表 3-1。

表 3-1　三相异步电动机直接起动操作评价表

项目内容	配分	评分标准	扣分	得分
直接起动知识	20 分	电动机直接起动条件叙述错误，扣 5 分 点动控制电路认识错误，扣 5 分 连续运行控制电路规律认识错误，扣 10 分 正反转控制电路规律认识错误，扣 10 分		
控制电路接线	50 分	元器件选择错误，每次扣 5 分 元器件安装错误，每次扣 5 分 使用仪表和工具不正确，每次扣 5 分 接线不正确，每处扣 15 分 接线不规范，扣 10 分 损坏电器元件，扣 30 分 检修中或检修后试车操作不正确，每次扣 5 分		

（续）

项目内容	配分	评分标准	扣分	得分
接线图 的阅读	20分	接线图阅读错误,每处扣5分 接线图阅读一般方法错误,扣10分		
安全、 文明生产	10分	防护用品穿戴不齐全,扣5分 检修结束后未恢复原状,扣5分 检修中丢失零件,扣5分 出现短路或触电,扣10分		
工时		工时为1h,检查故障不允许超时,修复故障允许超时,每超时 5min扣5分,最多可延长20min		
合计	100分			
备注	每项扣分最高不超过该项配分			

任务二　三相异步电动机减压起动控制电路的安装与调试

【任务描述】

电动机的起动电流近似与定子电压成正比,因此常采用降低定子电压的办法来限制起动电流,即减压起动。对于因直接起动冲击电流过大而无法承受的场合,通常采用减压起动。此时,起动转矩下降,起动电流也下降,所以减压起动只适合必须减小起动电流,又对起动转矩要求不高的场合。常见的减压起动方法有定子串电阻减压起动、丫-△减压起动控制电路、延边三角型减压起动、软起动及自耦变压器减压起动。

【学习目标】

1）掌握时间继电器的工作原理。

2）熟悉三相异步电动机减压起动的方法。

3）了解电气原理图的构成。

【任务准备】

1）常用电工组合工具一套。

2）接触器、断路器、热继电器、熔断器、时间继电器、点动按钮及三相异步电动机。

3）控制柜。

【实施方案】

一、熟悉元器件接线端子

各元器件布置图如图3-7所示。

二、控制电路的接线

1）阅读电气原理图并完成接线。图3-8是三相异步电动机的丫-△减压起动控制电路电

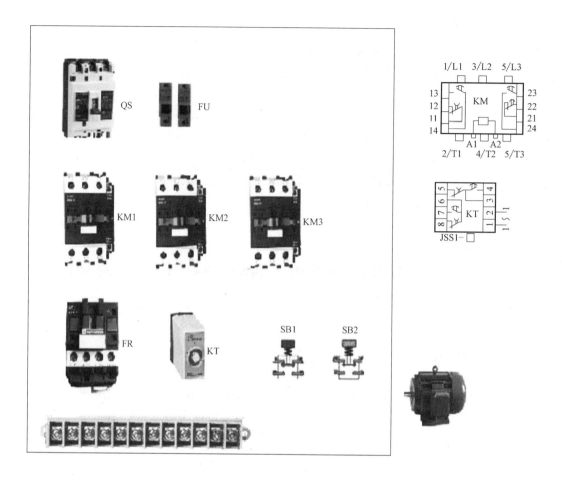

图 3-7 三相异步电动机减压起动控制电路元器件布置图

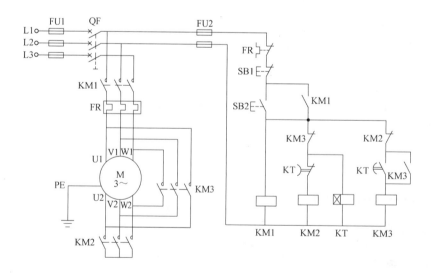

图 3-8 三相异步电动机 Y-△ 减压起动电气原理图

气原理图。选择所需元器件，按元器件布置图安装各元器件，并完成接线。

2）完成控制电路接线，检查无误后，经指导老师同意后试车。按下 SB2，电动机起动；按下 SB1，电动机停转。

【知识链接】

一、三相笼型异步电动机定子串电阻减压起动。

1. 电路组成

电路由主电路和控制电路组成，如图 3-9 所示。其中 R 是电动机起动过程中用于分压的电阻。

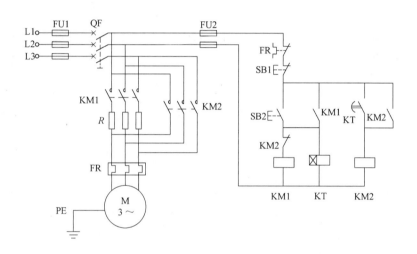

图 3-9　三相笼型异步电动机定子串电阻减压起动电路

2. 电路工作原理

1）电动机起动：

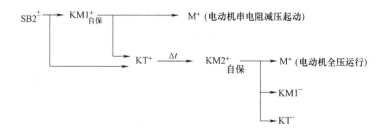

2）电动机停车：

$$SB1^{\pm} \longrightarrow KM2^{-} \longrightarrow M^{-}（电动机停止运行）$$

3. 三相笼型异步电动机定子串电阻减压起动的特点

三相笼型异步电动机定子串电阻不受绕组接法的限制，起动过程平滑、电路简单、但起动转矩小、电阻体积大、能耗大。

二、三相笼型异步电动机丫-△减压起动

1. 定子绕组的联结

三相笼型异步电动机定子绕组星形、三角形联结如图 3-10 所示。

2. 电路工作原理

如图 3-8 所示电路中，时间继电器是通电延时型，控制电路中的 KM2 与 KM3 实现了互锁，在起动过程中，KM2 和 KT 同时得电，经时间继电器延时后，KM2 失电，KM3 得电。

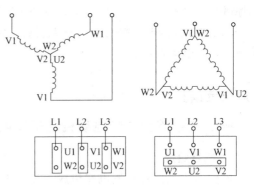

图 3-10　三相异步电动机定子绕组星形、三角形联结

1）电动机起动：

2）电动机停车：

$$SB1^+_{} \longrightarrow KM1^- \longrightarrow M^- \text{（电动机停止运行）}$$
$$\longrightarrow KM3^-$$

三、三相笼型异步电动机延边三角形减压起动

1. 延边三角形减压起动定子绕组的联结

图 3-11 是延边三角形减压起动定子绕组的联结。电动机定子每相绕组有三个端子，起动时，端子 6、7，5、9，4、8 相连，组成延边三角形减压起动；正常运行时，定子端子 1、6，2、4，35 相连组成三角形全压运行。丫-△减压起动时，其起动转矩只有全压起动时转矩的三分之一，因而仅适用于空载或轻载的情况。延边三角形减压起动是可提高起动转矩的一种减压起动方法。

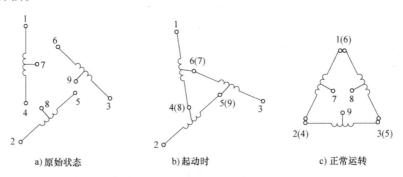

a）原始状态　　　　　b）起动时　　　　　c）正常运转

图 3-11　延边三角形减压起动定子绕组的联结

2. 控制电路的工作原理

由图 3-12 可知，KM1、KM3 主触头接通，电动机定子绕组接成延边三角形，KM1、

KM2 主触头接通，定子绕组接成三角形。

1）电动机起动：

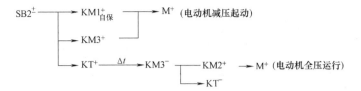

2）电动机停车：

$$SB1^{\pm} \longrightarrow KM1^{-} \longrightarrow M^{-}（电动机停止运行）$$

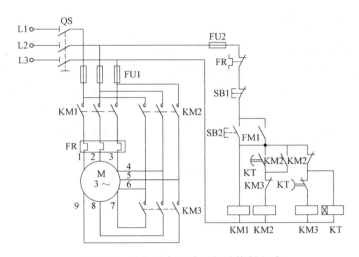

图 3-12　延边三角形减压起动控制电路

四、三相笼型异步电动机自耦变压器减压起动

三相笼型异步电动机自耦变压器减压起动电路如图 3-13 所示，主电路采用自耦变压器实现减压起动。

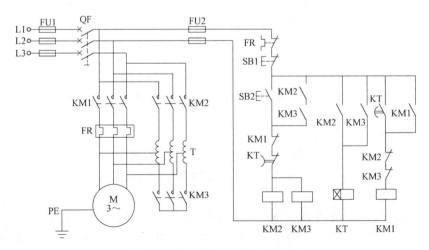

图 3-13　自耦变压器减压起动电路

1. 电动机起动

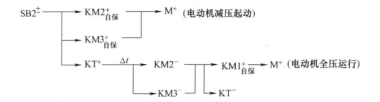

2. 电动机停车

$$SB1^{\pm} \longrightarrow KM1^{-} \longrightarrow M^{-} （电动机停止运行）$$

五、阅读电气原理图

电气原理图是说明电气设备工作原理的线路图，在电气原理图中并不考虑电器元件的实际安装位置和实际连线情况，只是把各元器件按接线顺序用符号展开在平面图上，用直线将各元器件连接起来。图 3-14 是三相异步电动机 丫-△ 减压起动的电气原理图。

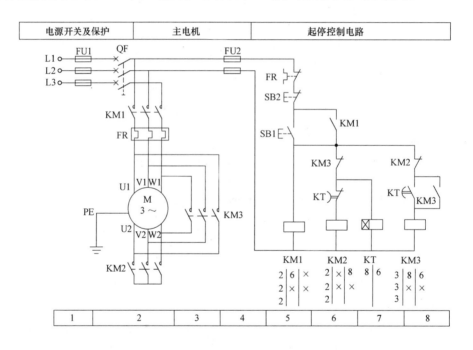

图 3-14　三相异步电动机 丫-△ 减压起动电气原理图

1. 图幅的分区

图幅分区的方法是：在图的边框处，竖边方向用大写拉丁字母，横边方向用阿拉伯数字，编号顺序应从左上角开始。图幅分区式样如图 3-15 所示。

2. 符号位置索引

图幅分区以后，相当于在图上建立了一个坐标。项目和连接线的位置可用如下方式表示：用行的代号（拉丁字母）表示；用列的代号（阿拉伯数字）表示；用区的代号表示。区的代号为字母和数字的组合，且字母在左，数字在右。

3. 电气原理图的组成

电气原理图分主电路和控制电路，主电路在左，控制电路在右。

4. 元器件状态

电气原理图中各电器应该是未通电或未动作状态，机械开关应该是循环开始的状态。

5. 图例的意义

接触器、继电器线圈下方图例的意义如图 3-16 所示。

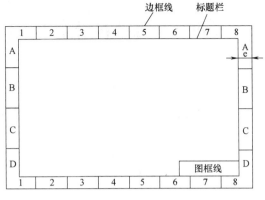

图 3-15　电气原理图图幅

图 3-16　接触器、继电器触头在电路图中的标记

【任务评价】

任务评价标准见表 3-2。

表 3-2　三相异步电动机减压起动操作评价表

项目内容	配分	评 分 标 准	扣分	得分
减压起动知识	20 分	电动机减压起动原因叙述错误，扣 5 分 丫-△减压起动控制电路认识错误，扣 10 分 定子串电阻减压起动控制电路认识错误，扣 10 分 延边三角形减压起动控制电路认识错误，扣 10 分		
控制电路接线	50 分	元器件选择错误，每次扣 5 分 元器件安装错误，每次扣 5 分 使用仪表和工具不正确，每次扣 5 分 接线不正确，每处扣 15 分 接线不规范，扣 10 分 损坏电气元件，扣 30 分 检修中或检修后试车操作不正确，每次扣 5 分		
原理图的阅读	20 分	原理图阅读错误，每处扣 5 分		
安全、文明生产	10 分	防护用品穿戴不齐全，扣 5 分 检修结束后未恢复原状，扣 5 分 检修中丢失零件，扣 5 分 出现短路或触电，扣 10 分		
工时		工时为 1h，检查故障不允许超时，修复故障允许超时，每超时 5min 扣 5 分，最多可延长 20min		
合计	100 分			
备注	每项扣分最高不超过该项配分			

任务三　三相异步电动机转子串电阻起动控制电路的安装与调试

【任务描述】

有些生产机械虽不要求调速，但要求较大的起动转矩和较小的起动电流，笼型异步电动机通常不能满足这种起动性能的要求，在这种情况下，可采用绕线转子异步电动机进行拖动。绕线转子异步电动机的减压起动方法有转子电路串起动电阻或频敏变阻器。起动过程的控制原则有电流控制原则和时间控制原则两种。

【学习目标】

1）了解绕线转子异步电动机转子串电阻起动的原理。
2）掌握绕线转子异步电动机转子串电阻起动控制电路的安装方法。
3）了解绕线转子异步电动机转子串电阻起动的其他控制方案。

【任务准备】

1）常用电工组合工具一套。
2）断路器、熔断器、接触器、时间继电器、点动按钮及绕线转子异步电动机。
3）控制柜。

【实施方案】

一、熟悉各元器件位置和端子

各电器元件如图 3-17 所示，选择元器件，找出接触器、时间继电器各对应端子。

二、控制电路的接线

参照图 3-18 进行元器件安装并完成接线。
检查无误后，经指导老师同意后送电，并进行通电试验。

【知识链接】

一、绕线转子异步电动机转子串电阻起动方案一

绕线转子异步电动机转子串电阻起动控制电路如图 3-18 所示。
1. 主电路原理
电动机采用绕线转子异步电动机，转子绕组串入三段电阻。在起动初期，三段电阻全部串入转子绕组，随着电动机转速上升逐渐切除三段电阻。
2. 控制电路工作原理
串接在三相转子中的起动电阻一般都为星形联结。起动时，将全部起动电阻接入，随着起动的进行，起动电阻依次被短接，在起动结束时，转子电阻全部被短接，短接电阻的方法

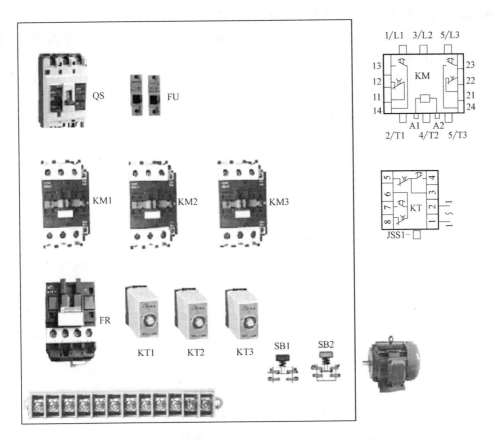

图 3-17 三相异步电动机转子串电阻起动控制电路元器件布置图

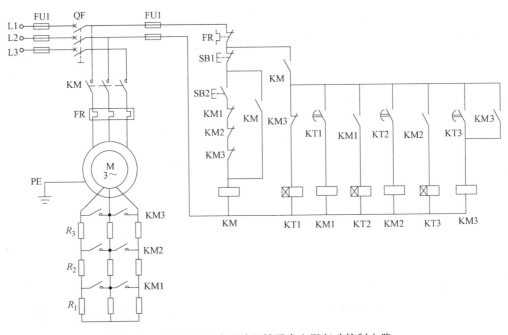

图 3-18 绕线转子异步电动机转子串电阻起动控制电路一

有三相电阻不平衡短接法和三相电阻平衡短接法两种。

三相电阻不平衡短接法是每一相的各级起动电阻轮流被切除；三相电阻平衡短接法是三相中各级电阻同时被短接。

1）电动机起动过程：

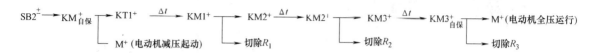

2）停车：

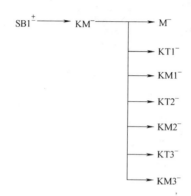

二、绕线转子异步电动机转子串电阻起动方案二

绕线转子异步电动机起动电路如图 3-19 所示。绕线转子异步电动机刚起动时，转子电流很大，随着电动机转速的增大，转子电流逐渐减小。在图 3-19 中，KOC1、KOC2、KOC3

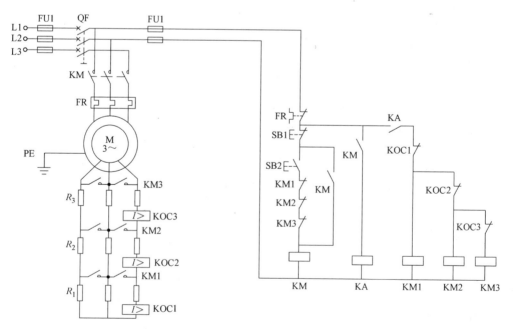

图 3-19　绕线转子异步电动机转子串电阻起动控制电路二

为过电流继电器，它们的吸合电流一样大，但释放电流依次减小。在电动机起动时，由于起动电流大，所以三个过电流继电器的触头均动作，随着起动电流的减小，KOC1、KOC2、KOC3 的触头依次释放。

电动机起动过程如下：

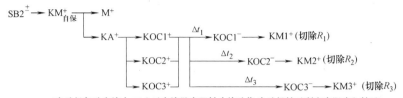

（电动机起动电流大，三个过电流继电器触头均动作，电动机转子所有电阻串入转子）

注意：$\Delta t_1 < \Delta t_2 < \Delta t_3$。在电动机起动的过程中，$\Delta t_1$、$\Delta t_2$、$\Delta t_3$ 时刻的电流依次减小，KOC1、KOC2、KOC3 触头依次释放。

三、绕线转子异步电动机串频敏变阻器减压起动

绕线转子异步电动机串频敏变阻器减压起动电路如图 3-20 所示。

1. 频敏变电阻

频敏变阻器是一种由 30 ~ 50mm 厚的铸铁板或钢板叠成的三柱式铁心，在铁心上分别套有线圈的电护器。三个线圈成星形联结，并与电动机转子绕组相连。

当绕线转子异步电动机刚开始起动时，电动机转速很低，故转子频率 f_2 很大（接近 f_1），铁心中的损耗很大，即等效电阻 R_m 很大，故限制了起动电流，增大了起动转矩。随着转速的增加，转子电流频率下降（$f_2 = sf_1$），R_m 减小，使起动电流及转矩保持一定的数值。频敏变阻器实际上是利用转子频率 f_2 的平滑变化达到使转子回路总电阻平滑减小的目的。起动结束后，转子绕组短接，把频敏变阻器从电路中切除。由于频敏变阻器的等效电阻 R_m 和电抗 X_m 随转子电流频率的变化而变化，其反应灵敏，故称为频敏变阻器。

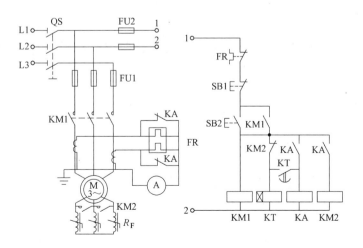

图 3-20　绕线转子异步电动机串频敏变阻器减压起动电路

2. 电动机起动过程

$$SB2^+ \longrightarrow KM1^+_{自保} \longrightarrow M^+ （电动机串入频敏变阻器起动）$$
$$\longrightarrow KT^+ \xrightarrow{\Delta t} KA^+_{自保} \longrightarrow KM2^+ （完全切除频敏变阻器）$$

【任务评价】

任务评价标准见表 3-3。

表 3-3　三相异步电动机转子串电阻起动控制电路操作评价表

项目内容	配分	评分标准	扣分	得分
转子串电阻起动知识	20 分	转子串电阻起动电路原理认识错误，每处扣 5 分 转子串频敏变阻器减压起动原理认识错误，扣 10 分		
控制电路接线	55 分	元器件安装错误，每次扣 5 分 使用仪表和工具不正确，每次扣 5 分 接线不正确，每处扣 15 分 接线不规范，扣 10 分 损坏电器元件，扣 30 分 检修中或检修后试车操作不正确，每次扣 5 分		
安全、文明生产	25 分	防护用品穿戴不齐全，扣 5 分 检修结束后未恢复原状，扣 5 分 检修中丢失零件，扣 5 分 出现短路或触电，扣 10 分		
工时		工时为 1h，检查故障不允许超时，修复故障允许超时，每超时 5min 扣 5 分，最多可延长 20min		
合计	100 分			
备注	每项扣分最高不超过该项配分			

任务四　三相异步电动机能耗制动控制电路的安装与调试

【任务描述】

能耗制动是指电动机脱离交流电源后，立即在定子绕组的任意两相中加入一直流电源，在电动机转子上产生一制动转矩，使电动机快速停下来。由于能耗制动采用直流电源，故也称之为直流制动。控制方式分为按时间原则与按速度原则两种。

【学习目标】

1）熟悉三相异步电动机能耗制动的方法。

2）掌握电气原理图的阅读方法。

3）进一步熟悉电路接线技巧。

【任务准备】

1）常用电工组合工具一套。

2）断路器、熔断器、热继电器、时间继电器、点动按钮及三相异步电动机。

3）控制柜。

【实施方案】

一、熟悉各元件位置和端子

1）在图 3-21 中找出接触器、断路器及熔断器。

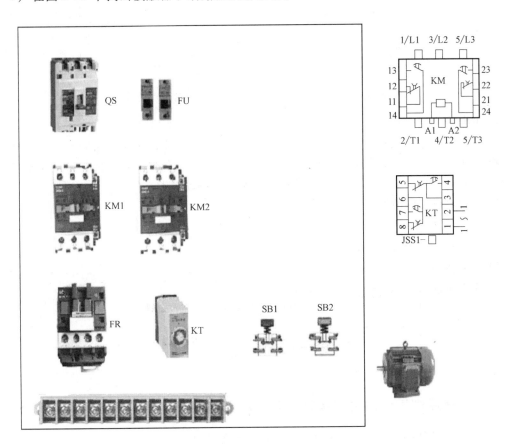

图 3-21　三相异步电动机能耗制动控制电路元器件布置图

2）找出接触器、时间继电器的各对应端子。

二、完成接线

1）按照图 3-21 和图 3-22 完成接线。

2）检查无误，经指导老师同意后送电测试。

【知识链接】

一、三相异步电动机能耗制动

三相异步电动机能耗制动控制电路原理图如图 3-22 所示。

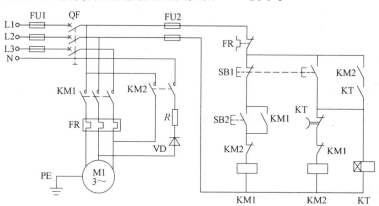

图 3-22　三相异步电动机能耗制动控制电路原理图

1. 主电路原理

当三相异步电动机运行中需要中途停车时，切断三相电源，在任两相加入直流电源，产生一相反的电磁转矩，使电动机很快停车，在电动机很快停车时切断直流电源。这种方法称为能耗制动。图 3-22 利用二极管整流的直流电源作为制动电源。

2. 控制电路工作原理

1）电动机起动：

$$SB2 \xrightarrow{\pm} KM1 \underset{自保}{\longrightarrow} M^{+}_{（电动机起动）}$$

2）电动机能耗制动：

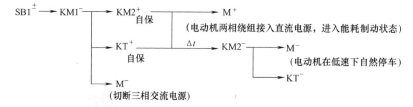

二、速度原则控制的可逆运行能耗制动电路

速度原则控制的可逆运行能耗制动电路如图 3-23 所示。

1）电路正反转控制：按下 SB2，电动机正转；按下 SB3，电动机反转。

2）电动机起动后，随着转速的提高，正转时速度继电器 KS-1 动作，为能耗制动作准备；反转起动到一定速度时，KS-2 动作，为停车时能耗制动作准备。

3）电路工作原理请读者自行分析。

【任务评价】

任务评价标准见表 3-4。

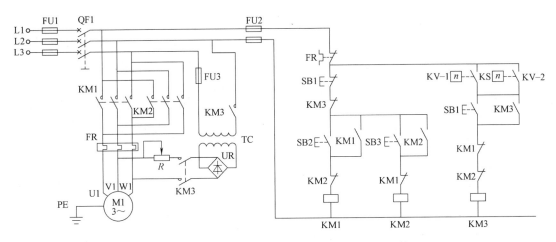

图 3-23　速度原则控制的可逆运行能耗制动电路

表 3-4　三相异步电动机能耗制动操作评价表

项目内容	配分	评分标准	扣分	得分
能耗制动知识	40 分	电动机制动工作状态叙述错误,每处扣 5 分 按时间原则能耗制动控制电路原理认识错误,扣 10 分 按速度原则能耗制动控制电路原理认识错误,扣 10 分		
控制电路接线及调试	50 分	元器件选择错误,每次扣 5 分 元器件安装错误,每次扣 5 分 使用仪表和工具不正确,每次扣 5 分 接线不正确,每处扣 15 分 接线不规范,扣 10 分 损坏电器元件,扣 30 分 检修中或检修后试车操作不正确,每次扣 5 分		
安全、文明生产	10 分	防护用品穿戴不齐全,扣 5 分 检修结束后未恢复原状,扣 5 分 检修中丢失零件,扣 5 分 出现短路或触电,扣 10 分		
工时		工时为 1h,检查故障不允许超时,修复故障允许超时,每超时 5min 扣 5 分,最多可延长 20min		
合计	100 分			
备注		每项扣分最高不超过该项配分		

任务五　三相异步电动机电源反接制动控制电路的安装与调试

【任务描述】

反接制动是将电动机定子三根电源线中的任意两根对调,从而使电动机输出转矩反向,产生制动作用,或者在转子电路上串接较大附加电阻,使转速反向,从而产生制动作用。

【学习目标】

1）熟悉三相异步电动机电源反接制动的原理。

2）掌握三相异步电动机电源反接制动控制电路的接线。

3）掌握速度继电器的工作原理。

4）熟悉电器元件布置图的阅读方法。

【任务准备】

1）常用电工组合工具一套。

2）接触器、断路器、熔断器、中间继电器、点动按钮及三相异步电动机。

3）控制柜。

【实施方案】

一、熟悉各元件位置和端子

1）在图 3-24 中找出接触器、断路器、熔断器及中间继电器。

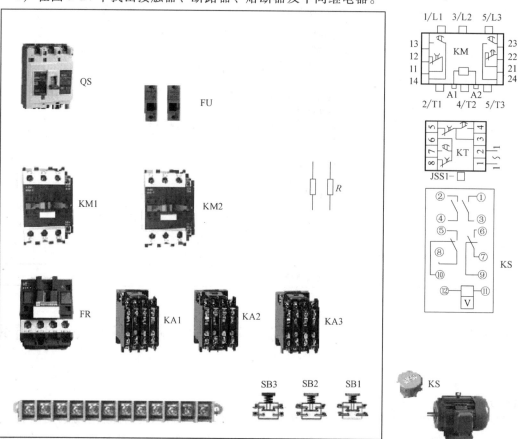

图 3-24　三相异步电动机电源反接制动控制电路元器件布置图

2）找出接触器、中间继电器各对应端子。

二、完成接线

1）按照图 3-25 完成接线。

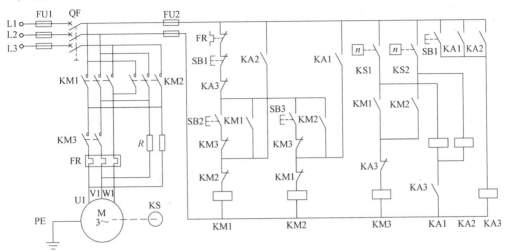

图 3-25 三相异步电动机电源反接制动控制电路原理图

2）检查无误经老师同意后通电试验。

【知识链接】

一、三相异步电动机电源反接制动

1. 三相异步电动机电源反接制动原理

电气制动就是在电动机切断电源停转过程中，产生一个和电动机实际运行方向相反的电磁转矩（制动转矩），迫使电动机迅速制动停车的方法。电动机反接制动是依靠改变电动机定子绕组的电源相序来产生制动转矩，迫使电动机迅速停转。当电动机速度接近零时，应立即切断电源，否则电动机将反转。

2. 电路工作原理

如图 3-25 所示，SB1 为电动机停车按钮，SB2 为电动机正转按钮，SB3 为电动机反转按钮。电路工作过程如下（电动机反向运行及制动过程与正转过程相同，读者可自行分析）：

1）电动机正向起动：

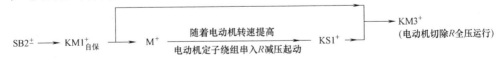

2）电动机正向停车：

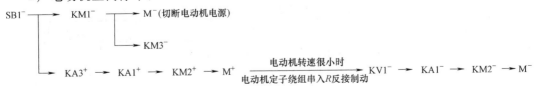

3. 电路的特点

1）SB1 要按到底，否则将因 KA3 无法得电而无反接制动。

2）热继电器要接在图示位置，可避免起动电流和制动电流的影响。

3）电动机制动效果与速度继电器触头反力弹簧松紧程度有关。当反力弹簧调得过紧，且电动机速度较高时，其触头便在反力弹簧作用下使其断开，过早切断制动电路，使反接制动效果明显减弱；若反力弹簧调得过松，则速度继电器触头复位缓慢，使电动机有可能出现制动停止后短暂的反转现象。

二、阅读电气元件布置图

电气元件布置图用于反映各电气元件的实际安装位置，它将提供电气设备各个单元的布局和安装工作所需要的图样，如图 3-26 所示。在阅读电器元件布置图时应注意以下几点：

1）动力、控制和信号电路分开布置，并各自安装在相应的位置，以便于操作和维护。

2）电气控制柜中各元器件之间，上、下、左、右之间的连线应保持一定距离，并且考虑元器件的发热和散热因素，应便于布线和检修。

3）图中各电气符号应与相关电路和电器清单上所列元件代号相同。

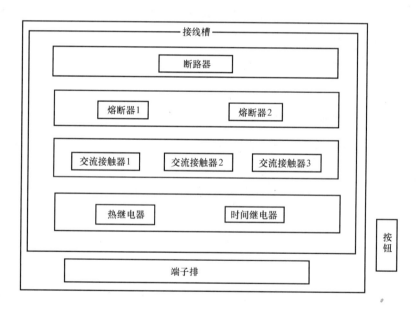

图 3-26　电气元件布置图

【任务评价】

任务评价标准见表 3-5。

表 3-5　三相异步电动机电源反接制动操作评价表

项目内容	配分	评 分 标 准	扣分	得分
反接制动知识	20 分	反接制动工作原理叙述错误，扣 10 分 反接制动控制电路原理认识错误，扣 10 分		

（续）

项目内容	配分	评分标准	扣分	得分
控制电路接线	50分	元器件选择错误，每次扣5分 元器件安装错误，每次扣5分 使用仪表和工具不正确，每次扣5分 接线不正确，每处扣15分 接线不规范，扣10分 损坏电器元件，扣30分 检修中或检修后试车操作不正确，每次扣5分		
电气元件布置图阅读	20分	电气元件布置图阅读错误，每处扣5分		
安全、文明生产	10分	防护用品穿戴不齐全，扣5分 检修结束后未恢复原状，扣5分 检修中丢失零件，扣5分 出现短路或触电，扣10分		
工时		工时为1h，检查故障不允许超时，修复故障允许超时，每超时5min扣5分，最多可延长20min		
合计	100分			
备注		每项扣分最高不超过该项配分		

任务六　双速笼型三相异步电动机调速控制电路的安装与调试

【任务描述】

变极调速一般是通过外部的开关切换改变电动机绕组的串并联关系实现的，只能实现有级调速（一般有两个速度）。如电动机由两极切换到四极，速度就会由大约3000r/min降到大约1500r/min。也可扩展到多速异步电动机。

【学习目标】

1）了解双速笼型三相异步电动机的调速原理。

2）掌握双速笼型三相异步电动机定子绕组的接线方法。

3）掌握双速笼型三相异步电动机调速控制电路的原理。

【任务准备】

1）常用电工组合工具一套。

2）接触器、断路器、熔断器、时间继电器、点动按钮及双速笼型三相异步电动机。

3）控制柜

【实施方案】

一、熟悉各元件位置和端子

1）在图3-27中找出接触器、断路器及熔断器。

2) 找出接触器、时间继电器各对应端子。

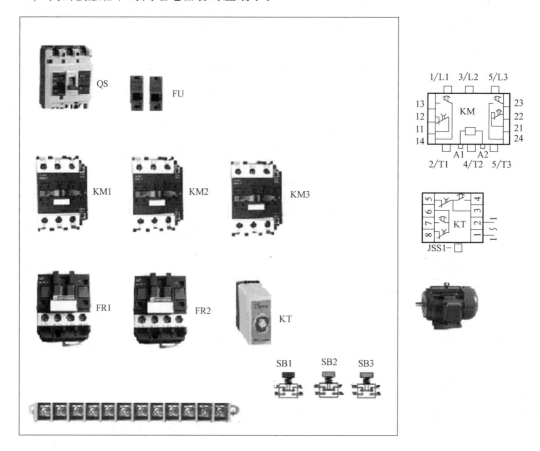

图 3-27 双速笼型三相异步电动机调速控制电路元器件布置图

二、完成接线

1) 按照图 3-28 完成接线。

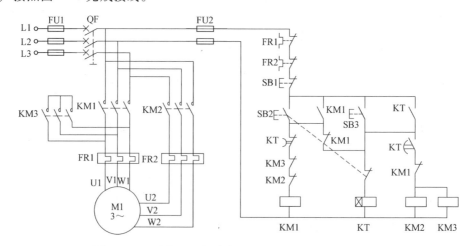

图 3-28 双速笼型三相异步电动机调速控制电路原理图

2）检查无误经指导老师同意后通电测试。

图 3-28 所示电路的动作过程如下：

① 按下 SB2，低速运行 。按下 SB1，电动机停止运行。

② 按下 SB3，电动机低速起动，自动高速运行。按下 SB1，电动机停止运行。

【知识链接】

一、双速笼型三相异步电动机调速电路的工作原理

1）低速运行：

$SB2^{\pm} \longrightarrow KM1^{+}_{自保} \longrightarrow M^{+}$（电动机低速起动并低速运行）

2）先低速起动，后高速运行：

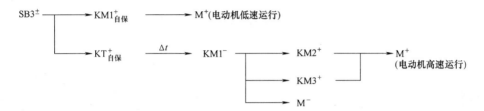

二、双速笼型三相异步电动机调速电路的特点

1）定子绕组接法。变极绕组接法如图 3-29 所示。

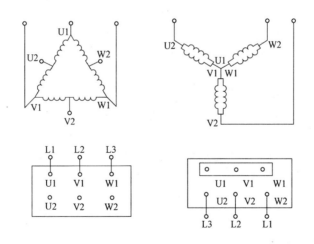

图 3-29　变极调整绕组接法

2）点动 SB1 按钮后，电动机低速运行；点动 SB3 按钮，电动机低速起动、高速运行。

3）变极调整有"反转向方案"和"同转向方案"。图 3-28 所示电路采用是"同转向方案"。

【任务评价】

任务评价标准见表 3-6。

表 3-6　双速笼型三相异步电动机调速操作评价表

项目内容	配分	评 分 标 准	扣分	得分
双速笼型三相异步电动机调速知识	40 分	双速电动机调速原理叙述错误，每处扣 5 分 双速电动机定子绕组接法错误，扣 20 分 双速电动机调速控制电路原理叙述错误，每处扣 5 分		
控制电路接线	50 分	元器件选择错误，每次扣 5 分 元器件安装错误，每次扣 5 分 使用仪表和工具不正确，每次扣 5 分 高低速转向相反，扣 10 分 接线不正确，每处扣 15 分 接线不规范，扣 10 分 损坏电器元件，扣 30 分 检修中或检修后试车操作不正确，每次扣 5 分		
安全、文明生产	10 分	防护用品穿戴不齐全，扣 5 分 检修结束后未恢复原状，扣 5 分 检修中丢失零件，扣 5 分 出现短路或触电，扣 10 分		
工时		工时为 1h，检查故障不允许超时，修复故障允许超时，每超时 5min 扣 5 分，最多可延长 20min		
合计	100 分			
备注	每项扣分最高不超过该项配分			

习　题　三

一、判断题

1. 在反接制动控制电路中，必须采用以时间为变化参量进行控制。　　　　（　　）

2. 现有四个按钮，欲使它们都能控制接触器 KM 通电，则它们的常开触头应串联接到 KM 的线圈电路中。　　　　（　　）

3. 只要是笼型异步电动机就可以采用丫-△减压起动。　　　　（　　）

4. 能耗制动比反接制动所消耗的能量小，制动平稳。　　　　（　　）

二、选择题

1. 三相笼型异步电动机能耗制动是将正在运转的电动机从交流电源上切除后，_____。

A. 在定子绕组中串入电阻　　　　　　B. 在定子绕组中通入直流电流

C. 重新接入反相序电源　　　　　　　D. 以上说法都不正确

2. 采用丫-△减压起动的电动机，正常工作时定子绕组接成_____。

A. 三角形　　　　　　　　　　　　　B. 星形

C. 星形或三角形　　　　　　　　　　D. 定子绕组中间带抽头

3. 三相异步电动机既不增加起动设备，又能适当增加起动转矩的一种减压起动方法是_____。

A. 定子串电阻减压起动　　　　　　　B. 定子串自耦变压器减压起动

C. 丫-△减压起动　　　　　　　　　　D. 延边三角形减压起动

4. 三相绕线转子异步电动机可逆运转并要求迅速反向的，一般采用_____。

A. 能耗制动　　　　B. 反接制动　　　　C. 机械抱闸制动　　　　D. 再生发电制动

三、按下列控制电路选择其控制功能：①点动；②长动；③起动后无法关断；④按下按钮接触器抖动；⑤按下按钮电源短接；⑥线圈不能接通。

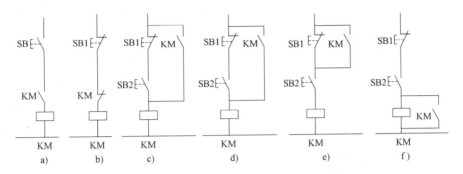

四、试说明下列控制电路的控制顺序。

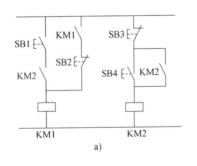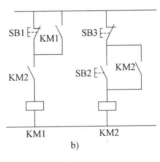

学习单元四

机床电气控制电路的检修

通过继电-接触器控制电路的学习后，下面将对机床电气控制进行分析和研究。通过本单元学习，学会阅读、分析机床电气控制电路方法；加深对典型控制环节的理解；掌握典型机床电气控制电路的检修、调试方法。

机床电气控制电路分析的步骤如下：

1）了解机床的主要结构、运动方式及各部分对电气控制的要求。

2）分析主电路，了解各电动机的用途、传动方案、控制方法及工作状态。

3）分析控制电路中主令电器（如操作手柄、开关和按钮）在电路中的功能。

4）分析电路中所能实现的保护、联锁及信号和照明电路的控制。

任务一　CA6140 型车床电气控制电路的检修

【任务描述】

车床是使用最广泛的一种金属切削机床，主要用于各种回转表面（内外圆柱面、端面、圆锥面及成型回转面等）的加工，还可用于车削螺钉和孔的加工。在进行车削加工时，工件被卡在卡盘上由主轴带动旋转，车刀放在刀架上，由溜板和溜板箱带动作横向和纵向运动，以改变车削加工的位置和深度。

【学习目标】

1）掌握阅读普通车床的电气控制电路图的方法。
2）熟悉分析普通车床电气故障的方法。
3）能正确检修、排除普通车床的电气故障。

【任务准备】

1）机床。
2）常用电工工具。

【实施方案】

一、CA6140 型车床的操作

1. 车床的运动形式

在教师指导下对车床进行实际操作，熟悉车床的操作和运动形式。

（1）主运动

车床的主运动是主轴通过卡盘或顶尖带动工件旋转。

（2）进给运动

车床的进给运动是溜板带动刀架的纵向或横向直线运动，其运动方式有手动和自动两种。车床溜板箱与主轴之间通过齿轮传动来连接，所以主运动和进给运动由一台电动机拖动。

（3）辅助运动

车床的辅助运动包括刀架的快速移动、尾架的移动以及工件的夹紧与放松。

2. 观察三相异步电动机的位置和作用

（1）主轴电动机

主轴电动机采用三相笼型异步电动机，调速方式为机械调速，直接起动。电动机单向旋转，主轴正反转通过摩擦离合器实现。

（2）冷却泵电动机

冷却泵电动机与主轴电动机联锁，主轴电动机起动后，方可选择是否起动冷却泵电动机，主轴电动机停止时，冷却泵电动机立即停止。

（3）快速移动电动机

快速移动电动机用于实现溜板箱的快速移动，采用点动控制。

此外，电路应具有必要的保护环节和安全可靠的照明及信号指示。

二、电路故障及检修

1. 主轴电动机 M1 不能起动

（1）故障分析

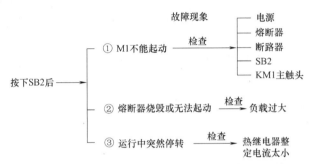

（2）故障检修

1）检查负载（可空载试运行）。

2）利用万用表电压测量法检修电路故障，见表 4-1。

表 4-1　电压测量法检修电路故障

故障现象	测量线路及状态	5-6	6-7	7-0	故障点	排除方法
按下 SB2，KM 不吸合，按下 SB3 时，KA2 吸合	按下 SB2 不放	110V	0	0	SB1 接触不良或接线脱落	更换 SB1 或将脱落线接好
		0	110V	0	SB2 接触不良或接线脱落	更换 SB2 或将脱落线接好
		0	0	110V	KM 线圈开路或接线脱落	更换线圈或将脱落线接好

3）检修完毕进行通电试车，并做好维修记录。

2. 主轴电动机 M1 断相运行

（1）故障分析

（2）故障检修

1）切断电源。

2）用观察法观察电动机定子端接线是否有脱落现象。如有，接好端子接线。

3）用万用表对可疑元器件进行电阻测量，直到找到损坏元器件，并进行更换。

4）检修完毕进行通电试车，并做好维修记录。

3. 冷却泵电动机 M2 烧毁

（1）故障分析

除电气方面的原因外，冷却泵电动机烧毁的原因很可能是负荷过重，当车床切削液中金属屑等杂质较多时，杂质的沉积常常会阻碍冷却泵叶片的转动，造成冷却泵负荷过重甚至出现堵塞现象，叶片可能完全不能转动导致电动机堵转，若不能及时发现，就会烧毁电动机。此外，在车床加工零件时，切削液飞溅，可能会有切削液从接线盒或电动机的端盖等处进入电动机内部，造成定子绕组短路，从而烧毁电动机。

（2）故障检修

1）清除车床切削液中金属屑等杂质；消除切削液飞溅到接线盒或电动机的端盖等处所造成的电路短路。

2）检修完毕进行通电试车，并做好维修记录。

4. 控制变压器故障

（1）过载

控制变压器容量一般都比较小，在使用中一定要注意其负荷与变压器的容量相适应，若随意增加照明灯的功率或加接照明灯，都容易使变压器因过载而损坏。

（2）短路

产生短路的原因较多，包括灯头接触不良造成局部过热，螺口灯泡锡头脱焊造成两极短路；灯头内电线因长期过热导致绝缘性能下降而产生短路；灯泡拧得过紧，也有可能使灯头内的弹簧片与铜壳相碰而短路。此外，控制电路的故障也会造成变压器二次回路短路。

（3）熔丝额定电流选得过大

变压器熔丝额定电流一般应按变压器额定电流的两倍选用，若选得过大，将起不到保护的作用。

5. 安全保护环节的故障检修

1）由于长期使用，可能会使挂轮架限位开关 SQ1 和电气箱限位开关 SQ2 松动移位，致使打开床头皮带罩时 SQ1（1-4）触头断不开或打开配电盘壁龛门时 SQ2（5-6）不闭合而失去安全保护作用。

2）开关锁 SA 失灵，检验时将开关锁 SA 左旋，检查断路器 QF 能否自动跳闸，跳开后若再将 QF 合上，经过 0.1s 后，观察开关能否自动跳闸。

三、检修步骤及工艺要求

1）在指导教师的指导下对车床进行操作，了解车床的各种工作状态及操作方法。

2）在教导教师的指导下，参照电器元件布置图和机床接线图，熟悉车床电器元件的分布位置和走线情况。

3）在 CA6140 型车床上人为设置自然故障点。

4）指导教师示范检修。

5）指导教师设置故障点，由学生检修。

四、注意事项

1）熟悉 CA6140 型车床电气控制电路的基本环节及控制要求，认真观摩指导教师示范检修。

2）检修所用工具、仪表应符合使用要求。

3）排除故障时，必须修复故障点，但不得采用元器件代换。

4）检修时，严禁扩大故障范围或产生新的故障。

5）带电检修时，必须有指导教师监护，以确保安全。

6）进行通电检查时，双脚必须站在绝缘垫上，尽量采用单手操作。

【知识链接】

一、CA6140 型车床的结构和型号

CA6140 型车床的结构如图 4-1 所示。它主要由床身、主轴（主轴上带有用于夹持工件的卡盘）、挂轮箱、进给箱、溜板箱、溜板与刀架、尾架、丝杠与光杠等组成。车床的型号意义如图 4-2 所示。

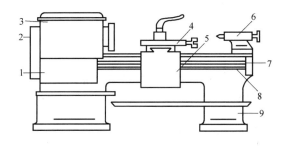

图 4-1　CA6140 型车床的结构

1—进给箱　2—挂轮箱　3—主轴变速箱　4—溜板与刀架
5—溜板箱　6—尾架　7—丝杠　8—光杠　9—床身

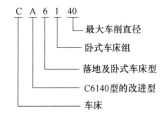

图 4-2　CA6140 型号意义

二、CA6140 型车床的电气控制

CA6140 型车床电气控制原理图如图 4-3 所示。

1. 车床电气控制原理图的组成

1）在电路图上方的文字，用以表示下属电路的功能，例如，"电源"、"电源开关"。

2）电路下面的数字 1、2、3……用以表示上述电路的坐标位置。

3）电路的标号：三相电源标记为 L1、L2、L3，中性线为 N，接地端 PE，电源主电路的支路标号 U11、V11、W11。控制电路的标号 101、102。

接触器触头图形符号说明如图 4-4 所示。

2. 手柄及按钮的作用

1）SA1：车床照明开关。

2）SA：旋转开关，带锁匙的电源开关，正常工作时开关断开。

3）SB1：主轴电动机 M1 停车按钮。

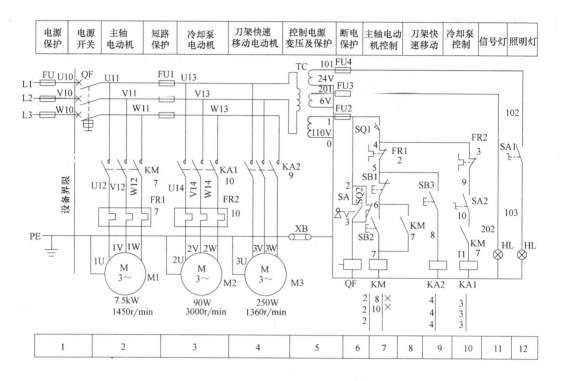

图 4-3　CA6140 型车床电气控制原理图

4）SB2：主轴电动机 M1 起动按钮。

5）SB3：刀架快速移动电动机 M3 控制按钮（点动）。

6）SA2：冷却泵电动机 M2 控制旋转开关。

7）SQ1：挂轮架限位开关。

8）SQ2：电气箱限位开关。

3. 主电路

电路电源由旋转开关 SA 控制，将 SB 向右旋转，再扳动断路器 QF 将三相电源引入。电气控制电路中共有三台电动机：主轴电动机 M1，用于带动主轴旋转和刀架进给运动，利用 QF 实现短路保护；M2 为冷却泵电动机，用于输送冷却液；M3 为刀架快速移动电动机，用于拖动刀架快速移动。M1、M2 由热继电器实现过载保护；M3 短时工作，不必设过载保护。

4. 控制电路

机床正常工作时，床头皮带罩合上，SQ1 动作。旋转开关 SA 和 SQ2 在车床正常工作时是断开的，QF 的线圈不通电，断路器 QF 能合闸，为控制电路提供电源。

（1）主轴电动机的控制

1）起动：$SB2^{\pm} \longrightarrow KM^{+} \longrightarrow M1^{+}$（主轴电动机起动）

2）停车：$SB1^{\pm} \longrightarrow KM^{-} \longrightarrow M1^{-}$（主轴电动机停止）

（2）冷却泵电动机的控制

冷却泵电动机由旋转开关 SA2 控制，显然，M2 需在 M1 运行后才能起动，一旦 M1 停转，M2 也同时停转。

主轴电动机 M1 起动后，合上 SA2，KA1 触头动作，冷却泵电动机 M2 起动；一旦 M1 停转或断开 SA2，M2 停转。

（3）刀架快速移动电动机的控制

刀架快速移动电动机由安装在进给操作手柄顶端的按钮 SB3 控制，按下 SB3，电动机 M3 起动运转，刀架快速移动的方向则由装在溜板箱上的十字形手柄控制。刀架快速移动电动机 M3 是短时工作制，故未设过载保护。

5. 照明电路

1）EL：车床照明灯，24V 电压供电

2）HL：电源信号灯，6V 电压供电。

6. 电气保护环节

电路电源开关是带有开关锁 SA 的断路器 QF。当需合上电源开关时，先用开关钥匙将开关锁 SA 右旋，再扳动断路器 QF 将其合上，此时，送入主电路 380V 交流电压，并经控制变压器输出 110V 控制电压、24V 照明电压及 6V 信号灯电压。当将开关锁左旋时，触头 SA（2-3）闭合，QF 线圈得电，断路器 QF 自动断开，切断电源。再次起动时，应先合上 QF 开关，增加了电路的安全性。

SQ1 为挂轮箱限位开关。当箱罩被打开后，SQ1 复位，切断控制电路电源，以确保人身安全。

SQ2 为电气箱限位开关。当打开配电壁龛门时，SQ2 闭合，QF 线圈获电，断电器 QF 自动断开，切断车床的电源。

三、机床电气控制电路故障的检修方法

1. 电压测量法

利用万用表的电压挡测量电路中各点电压值来判断故障点的方法称为电压测量法，常用的电压测量法有电压分阶测量法和电压分段测量法。下面以按下起动按钮 SB2，KM 不吸合为例，介绍故障的检修方法。

（1）电压分阶测量法

首先，把万用表的转换开关置于交流电压 500V 的挡位上，然后按图 4-5 所示方法进行测量。这种测量方法像下台阶一样依次测量电压，所以称为电压分阶测量法。

测量时，按下起动按钮 SB2，黑表笔放在 0 号线处，红表笔分别接触各测量点，分别测量 0—1、0—2、0—3、0—4、0—5、0—6 之间的电压，若为 110V，则正常；若电压为 0，则为故障点。

（2）电压分段测量法

首先，把万用表的转换开关置于交流 500V 的挡位上，然后按图 4-6 所示方法进行测量。这种测量方法是把电路分成若干段，依次测量电压，所以称为电压分段测量法。

按下起动按钮 SB2，将万用表并接在各元器件触头两端，分别测 1—2、2—3、3—4、5—6、6—0 之间的电压。正常时，除线圈两端电压为 110V 外，其余均为 0；若为 110V，则为故障点。

2. 电阻测量法

利用万用表的电阻挡测量电路中各点电阻值来判断故障点的方法称为电阻测量法，常用

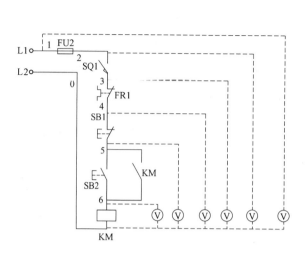

图 4-5　电压分阶测量法

图 4-6　电压分段测量法

的电阻测量法有电阻分阶测量法和电阻分段测量法。

（1）电阻分阶测量法

测量时，首先把万用表的挡位调节旋钮置于倍率适当的电阻挡，然后按图 4-7 所示的方法进行测量。

按下起动按钮 SB2，黑表笔放在 0 号线处，红表笔分别接触各测量点，分别测量 0—1、0—2、0—3、0—4、0—5、0—6 之间的电阻，若电阻为 1700Ω，则正常；若某点电阻为 0，则为故障点。

（2）电阻分段测量法

测量时，首先把万用表的挡位调节旋钮置于倍率适当的电阻挡，然后按图 4-8 所示的方法进行测量。

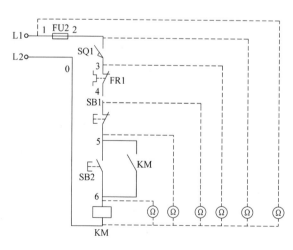

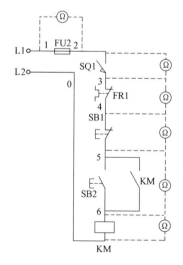

图 4-7　电阻分阶测量法

图 4-8　电阻分段测量法

按下起动按钮 SB2，将万用表并接在元件触头两端，分别测 1—2、2—3、3—4、5—6、6—0 之间的电阻。正常时，除线圈两端电阻为 1700Ω 外，其余均为 0；若为 ∞，则为故障点。

【任务评价】

任务评价标准见表 4-2。

表 4-2　CA6140 车床电气控制电路检修评价表

项目内容	配分	评分标准	扣分	得分
故障分析	30 分	排除故障前不进行调查研究,扣 5 分 检修思路不正确,扣 5 分 标不出故障点、线或标错位置,每个故障点扣 10 分		
检修故障	60 分	切断电源后不验电,扣 5 分 使用仪表和工具不正确,每次扣 5 分 检查故障的方法不正确,扣 10 分 查出故障不会排除,每个故障扣 20 分 检修中扩大故障范围,扣 10 分 少查出故障,每个扣 20 分 损坏电器元件,扣 30 分 检修中或检修后试车操作不正确,每次扣 5 分		
安全、文明生产	10 分	防护用品穿戴不齐全,扣 5 分 检修结束后未恢复原状,扣 5 分 检修中丢失零件,扣 5 分 出现短路或触电,扣 10 分		
工时		工时为 1h,检查故障不允许超时,修复故障允许超时,每超时 5min 扣 5 分,最多可延长 20min		
合计	100 分			
备注		每项扣分最高不超过该项配分		

任务二　Z3040 型摇臂钻床电气控制电路的检修

【任务描述】

钻床是一种专门进行深孔加工的机床，主要用于扩孔、绞孔和攻螺纹等。钻床主要有台式钻床、立式钻床、卧式钻床、深孔钻床和多轴钻床。摇臂钻床是立式钻床中的一种，可用于加工大中型工件。

【学习目标】

1）熟悉 Z3040 型摇臂钻床电气控制电路的特点，掌握电气控制电路的动作原理。能够对钻床进行操作并掌握摇臂升降、夹紧放松等各运动中限位开关的作用及其逻辑关系。

2）了解 Z3040 型摇臂钻床电气控制电路中各电器位置的合理布置及配线方式。熟悉所用电器的规格、型号、用途及动作原理。

3）学会电气原理图的分析和电路故障的排除，初步掌握一般机床电气设备的调试、故障分析和排除故障的方法。

【任务准备】

1）Z3040 型摇臂钻床。

2）常用电工工具。

【实施方案】

一、认识 Z3040 型摇臂钻床

在教师指导下，实际操作 Z3040 型摇臂钻床，并观察其运动形式。

1. 摇臂钻床的运动形式

1）主运动：主轴旋转。

2）进给运动：主轴的垂直移动。

3）辅助运动：摇臂沿外立柱垂直移动、主轴箱沿摇臂径向移动、摇臂与外立柱一起相对于内立柱的回转运动。

2. 观察 Z3040 型摇臂钻床电动机的位置

1）设有主轴电动机、摇臂升降电动机、立柱夹紧放松电动机及冷却泵电动机。

2）要求主轴进给有较大的调速范围。

3）摇臂钻床的主运动与进给运动皆为主轴的运动。

4）主轴要求正反转，主轴正反转一般由机械方法实现。

5）具有必要的联锁与保护。

二、故障检修

1. 摇臂不能松开

（1）故障分析

1）按下 SB5、SB6，检查主轴箱与立柱的放松、夹紧是否正常，正常则进入下一步检查，不正常则进入步骤（3）。

2）重点检查 KT、SQ1 和 SQ2。

3）检查 KM4 线圈、主触头，KM5 常闭触头，M3 及 FU2。

（2）故障检查

用万表检查相应元器件，更换损坏元器件。

2. 摇臂不能上升（或下降）

（1）故障分析

摇臂移动的前提是摇臂完全松开，因此，SQ2 是否动作是分析摇臂能否移动的关键。若 SQ2 不动作，常见故障为 SQ2 安装位置不当或发生移动。这祥，摇臂虽已松开，但活塞杆

仍压不上 SQ2，致使摇臂不能移动。有时也会出现因液压系统发生故障，使摇臂没有完全松开，活塞杆压不上 SQ2。

（2）故障检查

观察 SQ2 的安装位置，若位置移动，则进行复位。若液压系统发生故障，应配合机械、液压调整好 SQ2 位置并安装牢固。

3. 摇臂升降后夹不紧

（1）故障分析

摇臂升降后应自动夹紧，而夹紧动作的结束由 SQ3 控制。如果摇臂夹不紧，说明摇臂控制电路能够动作，但 SQ3 动作过早，使液压泵电动机 M3 在摇臂还未充分夹紧时就停止旋转。

（2）故障检查

配合机械、液压调整好 SQ3 位置并安装牢固。

4. 液压系统的故障及检修方法

有时电气控制系统工作虽然正常，而电磁阀芯卡住或油路堵塞，使液压控制系统失灵，造成摇臂无法移动。因此，维修时不仅要正确判断是电气控制系统还是液压系统的故障，而且应注意两者之间的相互联系。

【知识链接】

一、Z3040 型摇臂钻床的基本结构

Z3040 型摇臂钻床的基本结构如图 4-9 所示，它主要包括底座、内外立柱、摇臂、主轴箱和工作台。加工时，工件可装在工作台上，体积大的工件可直接装在底座上，钻头装在主轴上。主轴箱装在摇臂上，可沿摇臂的水平导轨作径向移动；摇臂另一端套在外立柱上，由摇臂升降电动机驱动，沿外立柱上下移动；而外立柱套在内立柱上，可绕内立柱作 360°回转。钻床型号意义如图 4-10 所示。

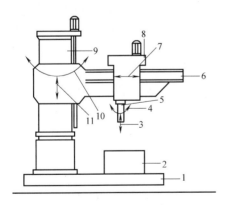

图 4-9　Z3040 型摇臂钻床的结构

1—底座　2—工作台　3—主轴纵向进给　4—主轴旋
转主运动　5—主轴　6—摇臂　7—主轴箱沿摇臂径
向运动　8—主轴箱　9—内外立柱　10—摇臂回转
运动　11—摇臂垂直移动

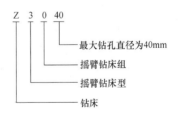

图 4-10　Z3040 型号意义

二、Z3040 型摇臂钻床电气原理图

Z3040 型摇臂钻床电气原理图如图 4-11 所示，它由主电路、控制电路和辅助电路组成。

1. Z3040 型摇臂钻床手柄及按钮的作用

Z3040 型摇臂钻床手柄及按钮的作用见表 4-3。

表 4-3　摇臂钻床手柄及按钮的作用

手柄及按钮	作　用
SB1、SB2	主轴电动机的停止、起动按钮
SB3、SB4	摇臂升降按钮
SB5、SB6	主轴箱和立柱的放松和夹紧按钮
SQ1-1、SQ1-2	摇臂升降时上、下限保护
SQ2	摇臂松开限位
SQ3	摇臂夹紧限位
SQ4	立柱(主轴箱)夹紧限位

2. 主电路

1）M1 为主轴电动机，M2 为摇臂升降电动机，M3 为液压泵电动机，M4 为冷却泵电动机，QS 为总电源控制开关

2）主轴电动机 M1 由 KM1 控制，直接起动，单向运行。

3）摇臂升降电动机、液压泵电动机 M2、M3 分别由 KM2、KM3 和 KM4、KM5 控制正反转。

4）M4 为冷却泵电动机。

由于液压泵电动机 M3 为短时工作制，冷却泵电动机 M4 容量较小，所以均不需过载保护。

三、控制电路的工作原理

1. 摇臂升降的控制

摇臂升降过程是：松→升（降→紧）

1）摇臂松开：摇臂平时夹紧在外立柱上，摇臂在升降之前，YV 线圈得电，在电磁阀吸合的条件下，M3 正转，正向供出压力油进入摇臂的松开油腔，推动松开机构使摇臂松开。摇臂松开后，SQ2 动作，SQ3 复位。

2）摇臂升/降：摇臂升降由 M2 驱动。

3）摇臂夹紧：摇臂在升/降到位后，YV 线圈得电，在电磁阀吸合的条件下，M3 反转，反向供出压力油进入摇臂的夹紧油腔，推动松开机构使摇臂夹紧。摇臂夹紧后，SQ2 复位，SQ3 动作。

下面以摇臂上升过程说明其控制原理。

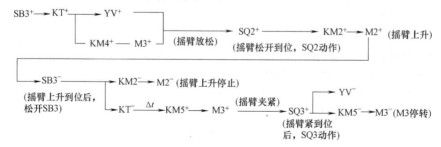

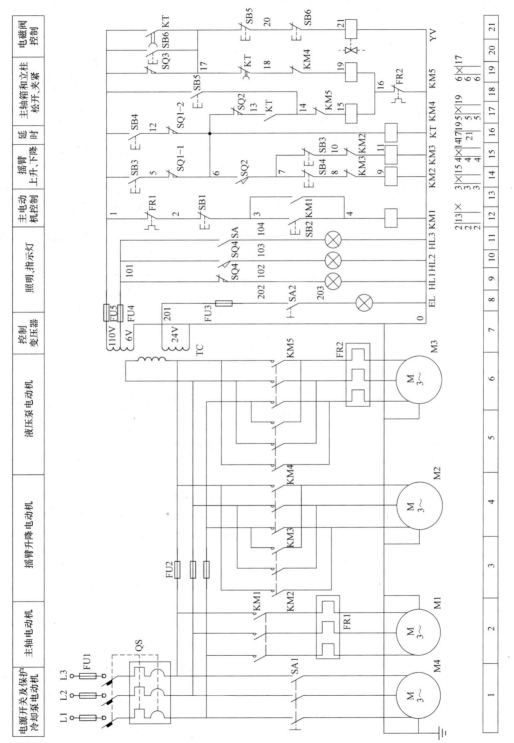

图 4-11　Z3040 型摇臂钻床电气原理图

SQ1-1，SQ1-2分别实现上下限保护，时间继电器KT为断电延时型时间继电器。

摇臂上升过程控制电路电流通道如图4-12所示。

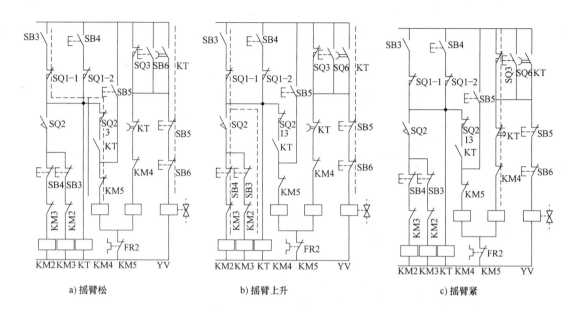

a) 摇臂松　　　　　　b) 摇臂上升　　　　　　c) 摇臂紧

图4-12　摇臂上升过程的控制电路电流通道

2. 主轴箱和立柱松、紧的控制

主轴箱和立柱的松、紧是同时进行的，SB5、SB6分别为松开与夹紧按钮，由它们点动控制M3的正反转，同时电磁阀YV线圈不吸合，液压泵供出的压力油进入主轴箱和立柱的松开、夹紧油腔，推动松、紧机构实现主轴箱与立柱的松开、夹紧。

控制过程如下：

3. 照明电路

照明电路工作电压为36V，信号指示灯工作电压为6V。

HL1在主轴箱与立柱松开时亮，HL2在主轴箱与立柱夹紧时亮，HL3由手柄开关SA控制。

M1、M4控制比较简单，读者自行分析。

【任务评价】

任务评价标准见表4-4。

表 4-4　Z3040 型摇臂钻床电气控制电路检修评价表

项目内容	配分	评 分 标 准	扣分	得分
故障分析	30 分	排除故障前不进行调查研究,扣 5 分 检修思路不正确,扣 5 分 标不出故障点、线或标错位置,每个故障点扣 10 分		
检修故障	60 分	切断电源后不验电,扣 5 分 使用仪表和工具不正确,每次扣 5 分 检查故障的方法不正确,扣 10 分 查出故障不会排除,每个故障扣 20 分 检修中扩大故障范围,扣 10 分 少查出故障,每个扣 20 分 损坏电器元件,扣 30 分 检修中或检修后试车操作不正确,每次扣 5 分		
安全、文明生产	10 分	防护用品穿戴不齐全,扣 5 分 检修结束后未恢复原状,扣 5 分 检修中丢失零件,扣 5 分 出现短路或触电,扣 10 分		
工时		工时为 1h,检查故障不允许超时,修复故障允许超时,每超时 5min 扣 5 分,最多可延长 20min		
合计	100 分			
备注		每项扣分最高不超过该项配分		

任务三　XA6132 型万能铣床电气控制电路的检修

【任务描述】

　　铣床可用来加工平面、斜面及沟槽,装上分度头可以铣削直齿齿轮和螺旋面,装上圆工作台还可铣削凸轮和弧形槽。XA6132 型万能铣床可用各种圆柱洗刀、圆片铣刀、角度铣刀、成型铣刀和端面铣刀,加工各种平面、斜面、沟槽及齿轮等。如果使用万能铣头、圆工作台及分度头等铣床附件时,可扩大机床加工范围。

【学习目标】

　　1) 了解 XA6132 型万能铣床的运动形式。
　　2) 熟悉 XA6132 型万能铣床电气控制原理图。
　　3) 掌握 XA6132 型万能铣床维修的一般方法。

【任务准备】

　　1) XA6132 型万能铣床。
　　2) 常用电工工具。

【实施方案】

一、XA6132 型万能铣床的结构及运动形式

1. XA6132 型万能铣床的结构

在教师指导下了解铣床的结构,并进行试操作。

XA6132 型万能铣床的结构如图 4-13 所示。

2. 熟悉 XA6132 型万能铣床的运动形式

1）主运动：铣刀的旋转运动。

2）进给运动：进给运动可以按以下几种方式分类。

① 根据速度分类：工作进给，简称工进；快速进给，简称快进。

② 根据方向分类：圆工作台进给（单向旋转）；矩形工作台进给（左右、上下、前后）。

3）辅助运动：冷却泵旋转运动。

二、XA6132 型万能铣床电气控制电路的故障检修

1. 主轴停车制动效果不明显或无制动

（1）故障分析

1）按下 SB1 或 SB2 时间太短，松开过快，制动效果不明显。

2）SB1 或 SB2 未按到位，SB1 或 SB2 触头未动作，YC1 线圈未通电，无制动效果。

3）YC1 直流电流偏低，制动效果不明显；YC1 线圈断开，无制动效果。

（2）故障检修

1）掌握正确的 SB1 或 SB2 操作方法。

2）用万用表测量直流电压大小或 YC1 的线圈是否断开，并排除故障。

2. 主轴或进给变速时无变速冲动

（1）故障分析

SQ5 或 SQ6 压合不上，会造成主轴或进给变速时无变速冲动。产生的原因是开关松动或移位。

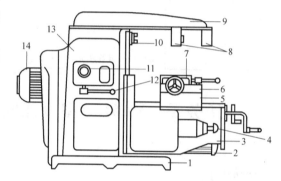

图 4-13　XA6132 型万能铣床的结构
1—底座　2—进给电动机　3—升降台　4—进给变速及变速盘
5—溜板　6—转动部分　7—工作台　8—刀架支杆　9—悬梁
10—主轴　11—主轴变速盘　12—主轴变速手柄
13—床身　14—主轴电动机

（2）故障检修

观察 SQ5 或 SQ6 是否松动或移位，并进行相应处理，排除故障。

3. 工作台控制电路故障

（1）故障分析

工作台能左右运动，但无垂直与横向运动。原因可能是：SQ1 或 SQ2 没有复位；也可能是 SQ3、SQ4 没有动作。

（2）故障检修

用万用表检查 SQ1、SQ2，SQ3、SQ4 是否有相应的动作，从而排除故障。

【知识链接】

一、XA6132 型万能铣床的基本知识

1. XA6132 型万能铣床的结构

XA6132 型万能铣床的结构如图 4-13 所示，它主要由底座、床身、悬梁及刀杆支架、工

作台、溜板和升降台等组成。箱型床身固定在底座上，床身内装有主轴的传动机构和主轴变速机构。在床身顶部有水平导轨，上面带有一到二个刀杆支架悬梁，刀杆支架用来支承铣刀心轴的一端，而心轴另一端固定在主轴上。在床身前方有垂直导轨，一端悬持的升降台可沿它上下移动。在升降台上面的水平导轨上，装有可在平行主轴轴线方向移动（横向移动）的溜板。溜板上装有可转动的回转盘，工作台就在溜板上部，回转盘沿着导轨作垂直于主轴轴线方向的移功（纵向移动）。这样安装在工作台上的工件就可以在三个方向调整位置或者完成进给运动。此外，由于转动部分对溜板可绕垂直轴线转动一个角度（通常为正负45°），这样工作台在水平面上除能平行或垂直于主轴线方向进给外，还能在倾斜方向进给，从而完成铣螺旋槽的加工。该铣床还可以安装圆工作台以扩大铣削能力。铣床的型号意义如图4-14所示。

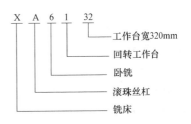

图4-14　铣床的型号意义

2. 电磁离合器的结构和工作原理

多片式磨擦电磁离合器的结构如图4-15所示，电磁离合器又称为电磁联轴器。它是利用表面磨擦和电磁感应原理，在两个作旋转运动的物体间传递转矩的执行电器。铣床主要采用摩擦片式电磁离合器。它依靠主动摩擦片与从动摩擦片之间的摩擦力使从动齿轮随主动轴转动。当电磁离合器线圈电压达到额定值的85%～105%时，离合器就可以可靠地工作。当线圈断电时，装在内外摩擦片之间的圈状弹簧使衔铁和摩擦片复原，离合器便失去传递转矩的作用。

3. XA6132型万能铣床的电力拖动及控制要求

1）主轴电动机正反转运行，以实现顺铣、逆铣。

2）主轴具有停车制动。

3）主轴变速箱在变速时具有变速冲动，即短时点动。

4）进给电动机双向运行。

5）主轴电动机与进给电动机具有联锁，以防在主轴没有运转时，工作台进给损坏刀具

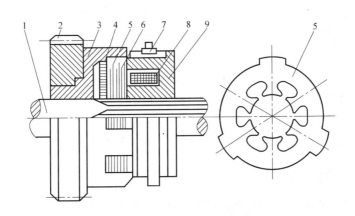

图4-15　多片式磨擦电磁离合器的结构

1—主动轴　2—从动齿轮　3—套筒　4—衔铁　5—从动磨擦片　6—主动磨擦片

7—电刷与集电环　8—线圈　9—铁心

或工件。

6）圆工作台进给与矩形工作台进给具有互锁，以防损坏刀具或工件。

7）矩形工作台各进给方向具有互锁，以防损坏工作台进给机构。

8）工作台进给变速箱在变速时同样具有变速冲动。

9）主轴制动、工作台的工进和快进由相应的电磁离合器接通对应的机械传动链实现。

10）具有完善的电气保护。

4. XA6132 型万能铣床的传动情况

主轴由法兰盘式电动机拖动，转速范围为 30～1500r/min，利用主轴变速箱内的拨叉来移动两个三联齿轮和一个二联齿轮，组成不同的啮合情况，从而使主轴获得 18 种转速，调整范围为了 50。主轴制动采用电磁离合器。

进给变速箱包括四根传动轴，利用传动轴上的两个三联齿轮一套背轮的不同啮合组成 18 种进给速度，为了保证变速顺利，进给电动机有冲动控制，变换速度时允许在运转情况下进行。

工作台三个运动方向的进给运动和快速移动都是靠进给变速箱里 Ⅵ 轴上的两个电磁离合器来实现的，当左边的电磁离合器吸合时，产生慢速进给，右边的电磁离合器吸合时，产生快速移动。

二、XA6132 型万能铣床的电气控制电路

XA6132 型万能铣床电气原理图如图 4-16 所示，它由主电路、控制电路及制动电路组成。

XA6132 型万能铣床的手柄及按钮作用如下：

1）SB1/SB2：电动机 M1 停止按钮。

2）SB3/SB4：电动机 M1 起动按钮。

3）SB5 或 SB6：工作台快进按钮，按下后工作台快速移动。

4）SA1：电动机 M3 起动和停止手柄开关。

5）SA2：电动机 M1 制动手柄，换刀时，SA2 动作，M1 制动；加工时，SA2 复位。

6）SA3：圆工作台转换开关，它有"断开"和"接通"两位置，当 SA3 接通时，圆工作台旋转。

7）SQ1、SQ2、SQ3、SQ4：工作台进给（右、左、下前、后上）时，分别动作。

8）SQ5：主轴变速冲动，主轴变速手柄向下压时动作。

9）SQ6：工作台"冲动"开关。

10）SQ7：打开控制箱门时，触头动作，QF1 开关断开，开门断电。

三、XA6132 型万能铣床主轴电动机控制

主轴电动机 M1 由正、反向接触器 KM1、KM2 实现正反向直接起动，由热继电器 FR1 实现长期过载保护。

1. 主轴电动机的起动控制

主轴电动机起动时，电路通断情况如图 4-17 所示。

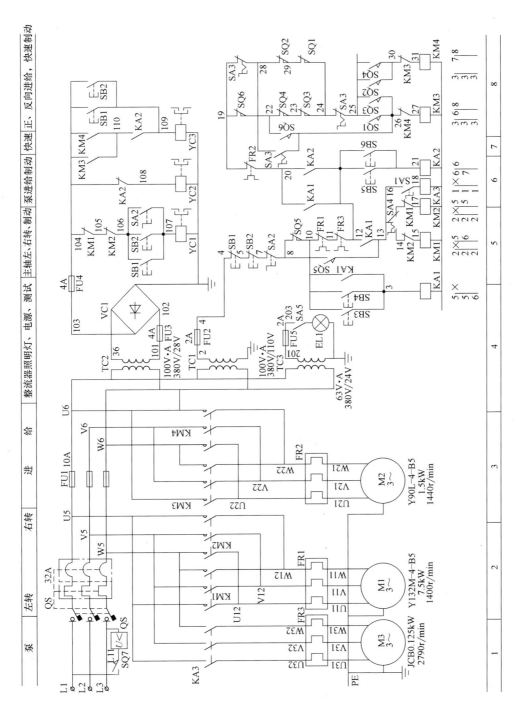

图 4-16　XA6132 型万能铣床电气原理图

　　主轴电动机起动后，由于 KA1 得电，为工作台进给与快速移动电路的工作作了准备，如图 4-17 中虚线通道。SB3、SB4 是安装在铣床两个地方的开关，作用相同，主要是便于操作。

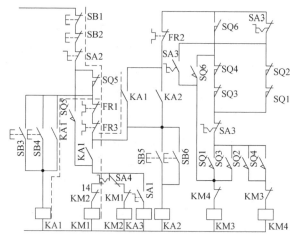 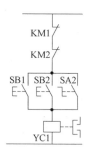

a) 主轴电动起动电路电流通道　　　　　　　　b) 起动时 YC1 线圈断电

图 4-17　主轴电动机起动时电路通断情况

2. 主轴电动机的停止与制动

　　主轴电动机的停止与制动电路通断情况如图 4-18 所示。

　　松开 SB1 或 SB2 时，YC1 线圈失电，离合器的摩擦片松开，制动结束。这种制动方式迅速、平稳，制动时间不超过 0.5s。

3. 主轴换刀时的制动控制

　　在主轴上刀或更换铣刀时，主轴电动机不得旋转，否则将发生严重的人身事故。因此，电路设有主轴上刀制动，主轴上刀制动由开关 SA2 控制。

　　将 SA2 扳到"换刀"位，主电路中 M1 断电，YC1 得电，M1 处于制动状态而迅速停转。主轴换刀时的制动电路电流通道如图 4-19 所示。

　　换刀结束后，将 SA2 扳到"加工"位，此时 SA2 处于复位状态，解除了主轴的制动状态。

4. 主轴变速冲动控制

　　主轴变速操纵由主轴操纵箱上一个手柄和一个刻度盘来实现，如图 4-13 所示（主轴变速度盘—11、主轴变速手柄—12）。变速操作顺序如下：

$$SB1/SB2^{+} \longrightarrow KM1/KM2^{-} \longrightarrow YC1^{+} \longrightarrow 在电磁离合器制动下， \longrightarrow SB1/SB2^{-} \longrightarrow YC1^{-}$$
$$\longrightarrow M1^{-} \qquad\qquad M1 快速停车$$

　　1）将主轴变速手柄向下压，使手柄的榫块自槽中滑出，然后拉出手柄，使榫块落到第二道槽内为止。

　　2）转动刻度盘，把所需要的转数对准指针。

　　3）把手柄推回原来位置，使榫块落进槽内。

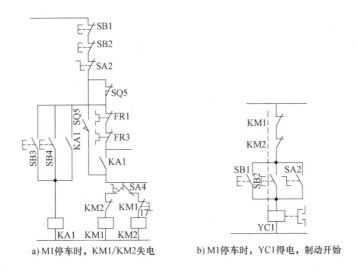

图 4-18　主轴电动机停止与制动时相关电路电流通道

（图中标注：a) M1停车时，KM1/KM2失电　　b) M1停车时，YC1得电，制动开始）

4）通过拉出机床上的变速手柄再推回原来位置这一过程实现主轴的变速冲动。

若 M1 处在运转状态中，拉出变速手柄时，通过控制凸轮瞬时压下冲动限位开关 SQ5，SQ5（8-10）断开，线圈 KM1 或 KM2 就会因失电而释放，YC1 处于吸合状态，主电路中 M1 迅速停转。

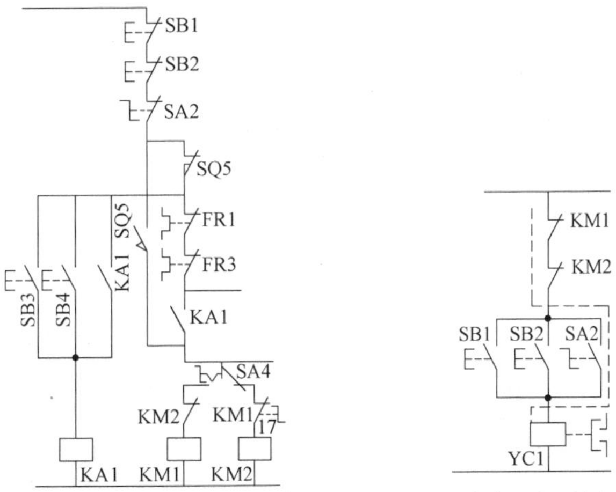

变速手柄拉到位后。SQ5（8-13）常开触头瞬时闭合，再使 KM1 或 KM2 接通，M1 作瞬时点动，此时机械上的联动机构操纵齿轮进行啮合更换。

变速手柄推回原来位置，使

换刀时，SA2断开，KM1/KM2失电，YC1线圈得电，上刀制动

图 4-19　主轴换刀时的制动电路电流通道

榫块落进槽内时，SQ5 复位，SQ5 触头（8-13）断开，SQ5 触头（8-10）接通，主轴以新的转速旋转。主轴变速冲动的电流通道如图 4-20 所示。

若 M1 处于停转状态，则拉出变速手柄时，M1 产生瞬时点动，待齿轮啮合更换结束后，SQ5 恢复到原来状态，再次起动 M1，主轴将在新的转速下旋转。

四、XA6132 型万能铣床进给电动机控制

进给电动机 M2 由接触器 KM3、KM4 实现正反向运行，由热继电器 FR2 实现长期过载保护。

工作台上下（垂直）、左右（纵向）、前后（横向）6 个进给运动，由限位开关 SQ1、SQ2、SQ3、SQ4 通过正反转接触器 KM3、KM4 控制电动机 M2 实现。

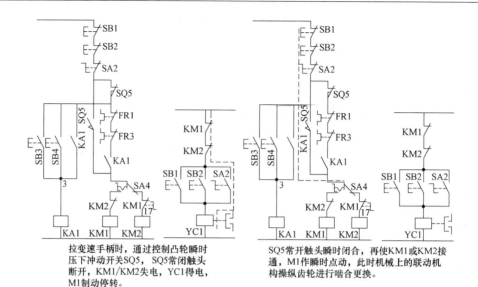

拉变速手柄时，通过控制凸轮瞬时压下冲动开关SQ5，SQ5常闭触头断开，KM1/KM2失电，YC1得电，M1制动停转。

SQ5常开触头瞬时闭合，再使KM1或KM2接通，M1作瞬时点动，此时机械上的联动机构操纵纵齿轮进行啮合更换。

当手柄推回原来位置，SQ5不再受压时，SQ5复位，主轴以新的转速旋转。

图 4-20　主轴变速冲动电流通道

　　纵向手柄有左、右、中三个位置。手柄在右位置，SQ1 动作；在左位置，SQ2 动作；中间位置，SQ1、SQ2 复位。

　　横向手柄有上、下、前、后、中位置。手柄在下、前位置，SQ3 动作；上、后位置，SQ4 动作；中间位置，SQ3、SQ4 复位。

1. 水平工作台进给

　　工作台工进时，快速移动继电器 KA2 处于断电状态，电磁离合器 YC2 线圈得电。

　　以工作台右进为例，将纵向进给操作手柄扳到"右"位，通过机械上的联动机构联接纵向进给离合器，此时，SQ1 闭合，使 KM3 吸合，主电路中主触头 KM3 吸合，电动机 M2 正向起动运转，拖动工作台向右进给。

　　向右进给结束后，将手柄由右扳到"中"位置，限位开关 SQ1 不再受压，复位断开，

KM3 失电释放，M2 停转，工作台向右进给停止。

　　纵向操作手柄由"中"扳到"左"位时，在机械挂挡的同时，通过限位开关 SQ2 实现 M2 反转，拖动工作台向左进给运动。其他方向如图 4-21 所示，读者可自行分析。

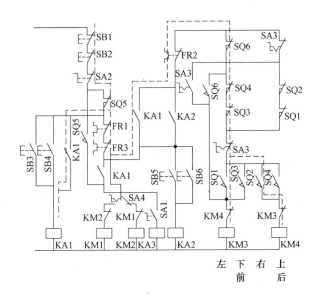

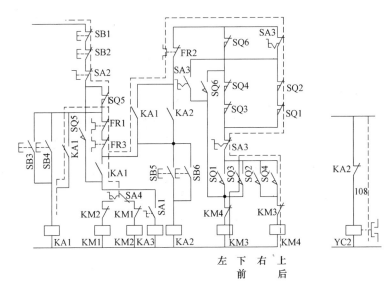

图 4-21　工作台（左、右、下前、上后）进给电路

　　注意：工作台进给（下、前）运动在控制电路上是相同的，只是按下手柄时，在机械上分别接通了垂直、横向离合器。工作台各方向进给运动是通过机械操作手柄实现 SQ1 ~ SQ4 互锁。

2. 工作台变速冲动控制

　　进给变速冲动在主轴起动后，将纵向进给操作手柄、垂直与横向进给操作手柄均置于

"中"位时才可进行。首先，将进给变换的蘑菇形操作手柄拉出并转动手柄将主刻度盘的进给指标对准指针，再把蘑菇形手柄向前拉到极限位置，然后反向推回原位。

推回过程中，通过变速孔盘使 SQ6 动作，使 KM3 瞬时接通吸合，同时机械联动机构实现齿轮啮合变换。电路工作状态如图 4-22 所示。

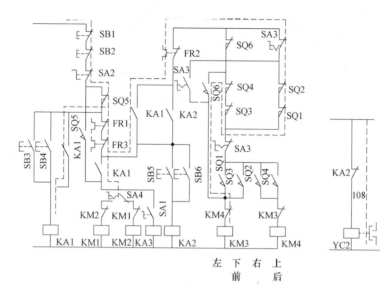

图 4-22　工作台变速冲动电路

蘑菇形手柄反向推回原位时，SQ6 不再受压而恢复到原来的状态。再次进行进给运动时，工作台将按新的进给速度运动。

注意：工作台的变速冲动和进给运动是通过 SQ6 和 SQ1 ~ SQ4 实现互锁的。

3. 进给方向快速移动控制

主轴处于运转状态时，将进给操作手柄扳到所需位置，则工作台开始按手柄所选方向以选定的进给速度运动。此时，按下移动按钮 SB5 或 SB6，则线圈 KA2 吸合，电磁离合器 YC2 线圈断电释放，YC3 电磁离合器线圈得电，工作台按原方向作快速移动。松开 SB5 或 SB6，则快速进给运动立即停止，工作台仍以原进给速度运动。

$$SB5^+ \longrightarrow KA2^+ \longrightarrow YC2^-$$
$$\searrow YC3^+$$

4. 圆工作台的控制

将 SA3 扳到"接通"位置，按下 SB3/SB4，主轴电动机 M1 工作后，圆工作台单向旋转。

电路工作原理如图 4-23 所示。

注意：圆工作的运动与工作台各方向进给运动是通过 SA3 和 SQ1 ~ SQ4 互锁的。

五、冷却泵电动机及照明控制电路

1. 冷却泵电动机

冷却泵电动机 M3 由继电器 KA3 实现直接起动，由热继电器 FR3 实现长期过载保护。

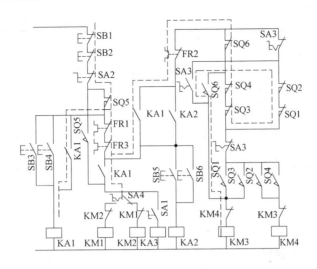

图 4-23　圆工作台进给电路

将 SA3 转换开关置于"开"位时，KA3 线圈通电，冷却泵主电路中 KA3 主触头闭合，冷却泵电动机 M3 起动供液。而 SA3 置于"关"位时，M3 停止供液。

2. 照明电路

机床局部照明由 TC 变压器供给 24V 安全电压，转换开关 SA5 控制照明灯。

【任务评价】

任务评价标准见表 4-5。

表 4-5　XA6132 型万能铣床电气控制电路检修评价表

项目内容	配分	评分标准	扣分	得分
故障分析	30 分	排除故障前不进行调查研究,扣 5 分 检修思路不正确,扣 5 分 标不出故障点、线或标错位置,每个故障点扣 10 分		
检修故障	60 分	切断电源后不验电,扣 5 分 使用仪表和工具不正确,每次扣 5 分 检查故障的方法不正确,扣 10 分 查出故障不会排除,每个故障扣 20 分 检修中扩大故障范围,扣 10 分 少查出故障,每个扣 20 分 损坏电器元件,扣 30 分 检修中或检修后试车操作不正确,每次扣 5 分		
安全、文明生产	10 分	防护用品穿戴不齐全,扣 5 分 检修结束后未恢复原状,扣 5 分 检修中丢失零件,扣 5 分 出现短路或触电,扣 10 分		

（续）

项目内容	配分	评 分 标 准	扣分	得分
工时		工时为 1h，检查故障不允许超时，修复故障允许超时，每超时 5min 扣 5 分，最多可延长 20min		
合计	100 分			
备注	每项扣分最高不超过该项配分			

习 题 四

一、判断题

1. 铣床在铣削加工过程中不需要主轴反转。（　　　）

2. XA6132 型铣床工作台的垂直进给和横向进给是由电气控制实现的。（　　　）

二、选择题

1. XA6132 型铣床的主轴未起动，则工作台_____。

A. 不能有任何进给　　　B. 可以进给　　　C. 可以快速进给

2. CA6140 型车床的刀架快速移动电动机 M3，以及 Z3040 型摇臂钻床的摇臂升降电动机 M2、冷却泵电动机 M4 都不需要用热继电器进行过载保护，分别是由于 M3 _____、M2 _____、M4 _____。

A. 容量太小　　　　　　B. 不会过载　　　C. 短时工作制

3. XA6132 型万能铣床的主轴采用_____制动。

A. 反接　　　　　　　　B. 能耗　　　　　C. 电磁离合器

三、故障分析

1. CA6140 型车床出现以下故障，可能的原因有哪些？应分别如何处理？

（1）按下起动按钮，主轴不转。

（2）按下起动按钮，主轴不转，但主轴电动机发出"嗡嗡"声。

（3）按下停车按钮，主轴电动机不停转。

2. Z3040 型摇臂钻床的摇臂上升、下降动作相反，试由电气控制电路分析其故障原因。

3. XA6132 型万能铣床出现以下故障，请分别加以分析。

（1）主轴停车时，正反方向都没有制动作用。

（2）进给运动中，不能向下、前、右运动，能向上、后、左运动，圆工作台不能运动。

（3）进给运动中，能够向前上、下、左、右、前运动，不能向右运动。

学习单元五

桥式起重机电气控制电路的检修

　　桥式起重机是一种用来吊起或放下重物并使重物在短距离内水平移动的起重设备，俗称吊车、行车或天车。起重设备按结构的不同可分为桥式、塔式、门式、旋转式和缆索式等。

　　不同结构的起重设备分别应用于不同场合，如建筑工地使用塔式起重机，码头、港口使用旋转式起重机，生产车间使用桥式起重机，车站使用门式起重机等。由于桥式起重机使用十分广泛，下面就来讨论 20/5T（重量级）桥式起重机（电动双梁吊车）的电气控制。

任务　20/5T 桥式起重机电气控制电路的检修

【任务描述】

桥式起重机主要用于生产装置大机组的检修、抢修、设备制造及仓储运输等方面，其完好程度直接影响到工厂的正常生产。本任务就来介绍 20/5T 桥式起重机的主要故障类型及处理方法。

【学习目标】

1）了解 20/5T 桥式起重机的主要结构、运动方式及各组成部分对电气控制的要求。

2）掌握各主令电器（如操作手柄、开关、按钮）在电路中的功能。

3）学会桥式起重机电气控制电路的分析方法及故障的处理方法。

4）理解电路中的保护措施。

【任务准备】

1）起重机。

2）常用电工工具。

【实施方案】

一、20/5T 桥式起重机的操作

1. 20/5T 桥式起重机的结构

桥式起重机实物如图 5-1 所示。它通常由大车（又称桥架）、大车移行机构、小车及小车移行机构、提升机构、驾驶室、主滑线与辅助滑线等组成。桥式起重机的总体结构如图 5-2 所示。

图 5-1　桥式起重机实物

（1）桥架

桥架由主梁、端梁及走台等部分组成。整个桥式起重机在大车移动机构的拖动下，沿车间长度方向的导轨移动。

（2）大车移行机构

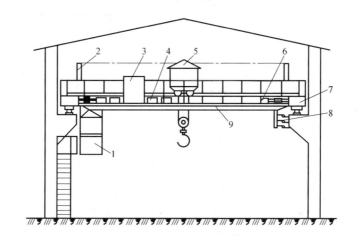

图 5-2　桥式起重机的总体结构

1—驾驶室　2—辅助滑线　3—控制盘　4—电阻箱　5—小车　6—大车电动机

7—大车端梁　8—主滑线　9—大车主梁

大车移行机构由大车拖动电动机、传动轴、联轴器、减速器、车轮及制动器等部件构成。

（3）小车

小车由小车架、小车移行机构及提升机构等组成。它安放在桥架导轨上，可沿车间宽度方向移动。

（4）提升机构

提升机构由提升电动机、减速器、卷筒及制动器组成。重物在吊钩上上下运动，随小车在车间宽度方向左右运动，随大车在车间长度方向作前后运动，这样，重物就可以到达车间的任一位置。

（5）驾驶室

驾驶室是控制起重机的吊舱，其中装有大小车移动机构的控制装置、提升机构的控制装置和起重机的保护装置。

2. 20/5T 桥式起重机的运动形式

在教师指导下，参观桥架上的控制屏和电动机的控制电阻箱；操作 20/5T 桥式起重机，掌握 20/5T 桥式起重机的运动形式。

1）大车沿车间长度方向上移动（左右移动）。

2）小车沿着大车桥梁上轨道在车间宽度（前后）方向上移动。

3）主、副钩上下移动。

3. 测试凸轮控制器触头的通断

1）将凸轮控制器扳到零位，分别测触头的通断。凸轮控制器在零位时，只有触头 10、11、12 为接通状态，其余触头均为断开状态，见表 5-1。

2）将凸轮控制器扳到正转 5 挡，分别测触头的通断。触头 2、4、5、6、7、8、9、11 接通，其余触头均为断开状态。并根据表 5-1 解释原因。

表 5-1　凸轮控制器触头闭合表

状态＼位置＼触头	正转					零位	反转				
	5	4	3	2	1	0	1	2	3	4	5
1							×	×	×	×	×
2	×	×	×	×	×						
3							×	×	×	×	×
4	×	×	×	×	×						
5	×	×	×	×				×	×	×	×
6	×	×	×						×	×	×
7	×	×								×	×
8	×										×
9	×										×
10						×	×	×	×	×	×
11	×	×	×	×	×	×					
12						×					

注：表中"×"表示触头闭合。

4. 起重机的保护措施

1）终端保护：大车的左右位置的限位保护；小车前后位置的限位保护；主副钩上行的位置限位保护。

2）欠电压保护：当电源电压降低到一定值时，起重机停车。

3）过电流保护：当电路中任一电动机过载时，起重机停车。

4）安全保护：驾驶室舱门、横梁门（大车两端各一扇门）打开，起重机停车。

5）急停保护：遇到紧急情况时，可用急停按钮停车。

6）零位保护：由于意外断电，起重机重新工作之前，各凸轮控制器扳到零位，才可开车。

7）起重机轨道及金属桥架应当进行可靠地接地保护。

5. 观察 20/5T 桥式起重机各电动机位置，了解它们的作用

1）大车由两台相同规格的电动机 M3、M4 拖动，大车沿左右方向运动。

2）小车由电动机 M2 拖动，小车沿大车横梁前后运动。

3）主副钩分别由 M1、M5 拖动，主副钩分别垂直上下运动。

二、20/5T 桥式起重机电气控制电路故障分析及检修

1. 合上电源总开关 QS1，并按下起动按钮 SB 后，接触器 KM 不动作

（1）故障分析

1）电路无电压。

2）熔断器 FU1 熔断或过电流继电器动作后未复位。

3）紧急开关 QS4 或安全开关 SQ7、SQ8、SQ9 未合上。

4）各凸轮控制器手柄未在零位。

（2）故障检修

1）检查各凸轮控制器手柄是否在零位；过电流继电器是否复位；紧急开关 QS4 或安全开关 SQ7、SQ8、SQ9 是否合上。

2）用万用表测试熔断器 FU1 和电路电压。

2. 主接触器 KM 吸合后，过电流继电器立即动作

（1）故障分析

1）凸轮控制器电路接地。

2）电动机绕组接地。

3）电磁抱闸线圈接地。

（2）故障检修

用万用表检查凸轮控制器电路、电动机绕组及电磁抱闸线圈接地情况。

3. 接通电源并转动凸轮控制器的手轮后，电动机不起动

（1）故障分析

1）凸轮控制器主触头接触不良。

2）主滑线上滑触线与集电刷接触不良。

3）电动机的定子绕组或转子绕组接触不良。

4）电磁抱闸线圈断路或制动器未松开。

（2）故障检修

1）检查电磁抱闸线圈是否断路或制动器是否松开。

2）检查凸轮控制器主触头、主滑线上滑触线与集电刷、电动机的定子绕组或转子绕组接触是否良好。并采取针对性措施排除故障。

【知识链接】

一、凸轮控制器

凸轮控制器主要用于起重设备中，是一种控制中小型绕线转子异步电动机的起动、停止、调速、换向和制动的重要设备。

1. 凸轮控制器的结构

图 5-3a 是凸轮控制器的外形。凸轮控制器是由静触头、动触头、灭弧罩、凸轮、转轴、手轮组成。凸轮转轴上套着很多凸轮片，当手轮经转轴带动凸轮转动时，使触头断开或接通。手轮在转动过程中共有 11 个挡位，中间为零位，左右各 5 挡。凸轮控制器的结构如图 5-3b 所示。

2. 凸轮控制器触头分合展开图

凸轮控制器触头分合展开图如图 5-4 所示。从触头分合展开图可以看出，凸轮控制器的手轮共有 11 个挡位，其中一个零挡，向上、向下各 5 挡。每挡各十二对触头。图中标为"×"的触头是闭合的。如在向下"5"挡，其中触头 V13-1U、U13-1W、1R5、1R4、1R3、

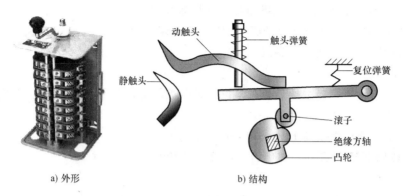

a) 外形　　　　　　　　　　b) 结构

图 5-3　凸轮控制器

1R2、1R1、QCC1-6 是闭合的，其余的触头是断开的。

二、起重机电动机的工作状态

对于移行机构的拖动电动机，其负载转矩为摩擦转矩，它始终为反抗转矩，移行机构来回移动时，拖动电动机工作在正向电动状态或反向电动状态。

对于提升机构电动机，除负载转矩为摩擦转矩外，主要是由重物产生的重力转矩。当提升重物时，重力转矩为阻力转矩；下放重物时，重力矩则成为原动转矩；在空载或轻载下放时，还可能出现重力转矩小于摩擦转矩，需要强迫下放。

QCC1	向下						向上				
	5	4	3	2	1	0	1	2	3	4	5
V13-1W							×	×	×	×	×
V13-1U	×	×	×	×	×						
U13-1U								×	×	×	×
U13-1W	×	×	×	×	×						
1R5									×	×	×
1R4	×	×									×
1R3	×									×	×
1R2	×										×
1R1	×										×
QCC1-5						×	×	×	×	×	×
QCC1-6	×	×	×	×	×	×	×				
QCC1-7						×					

图 5-4　凸轮控制器触头分合展开图

1. 提升重物时电动机的工作状态

在提升重物时，电动机拖动重物上升，电动机工作在正向电动状态。在起动时，为了获得较大的起动转矩，减小起动电流，往往在绕线转子异步电动机的转子电路中串入电阻，然后依次切除，使提升速度逐渐升高，最后达到预定的提升速度。

2. 下放重物时电动机的工作状态

（1）轻载或空钩时反转电动状态

当轻载或空钩下放时，重力转矩小于摩擦转矩，此时，依靠重力转矩自身不能下降，为此，电动机处于反转电动状态。这种状态称为强迫下放。

（2）中载或重载下放时回馈制动状态

当中载或重载长距离下降重物时，提升电动机处于回馈发电状态。此时，将以超过电动机同步转速的速度下放重物。

（3）下放重物时倒拉反接制动状态

在下放重物时，为了获得低速下降，常采用倒拉反接制动。

三、20/5T 桥式起重机电气控制

20/5T 桥式起重机电气控制原理图如图 5-5 所示。

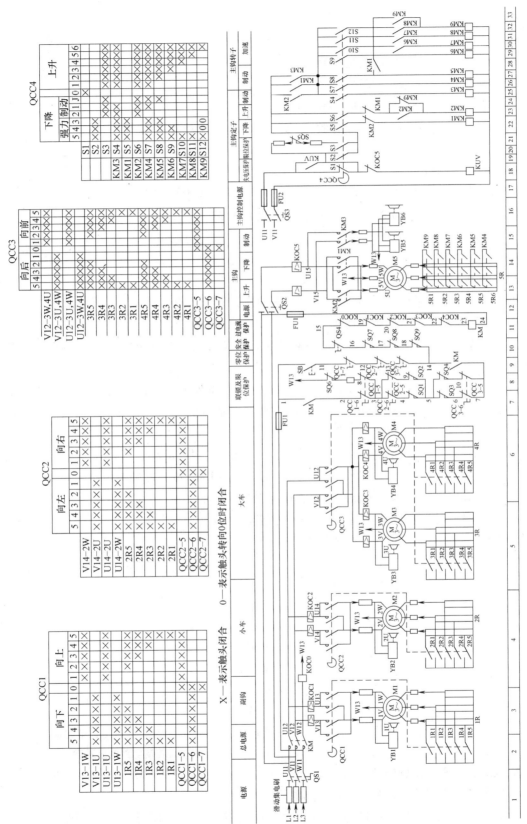

图 5-5 20/5T 桥式起重机电气原理图

1. 主要开关

（1）限位开关

1）SQ1、SQ2：小车前后限位开关。

2）SQ3、SQ4：大车左右限位开关。

3）SQ5、SQ6：分别为主副钩上限位开关。

4）SQ7、SQ8、SQ9：分别为驾驶室舱门、大车两端横梁门限位开关，开门时它们动作。

（2）凸轮控制器

1）QCC1～QCC3 完成对副钩、小车、大车正反转和调速的控制。

2）QCC4 经 KM1～KM9 完成对主钩上下运动的控制。

（3）急停按钮

QS4 为急停按钮。

2. 主电路

电动机 M1～M4 采用三相绕线转子异步电动机，转子串电阻调速，正反转各有五挡速度。用凸轮控制器控制正反转和调速。制动器 YB1～YB4 用于停车制动。

三相电源经隔离开关 QS1、接触器 KM 的常开触头和过电流继电器 KOC1～KOC4 的线圈送到凸轮控制器和电动机的定子。

扳动凸轮控制器 QCC1～QCC3，都有不同触头接通和断开。凸轮控制器的四副触头控制电动机正反转，中间五副触头短接转子电阻以调节电动机的转速。大车电动机、小车电动机、副钩电动机的转向和转速都能得到控制。

在主钩电动机 M5 的主电路中，M5 由 KM1、KM2 控制电动机正反转（下、上运动），KM3 控制电动机制动，转子中串有七段电阻，由 KM4～KM9 接触器触头短接，用来调节电动机的运行速度。KOC5 为过电流继电器，作为 M5 的过电流电保护。电动机 M5 的运动分为：向上运动电动状态；向下运动倒拉反接制动状态（慢速下放重物）和回馈制动状态（快速放下轻载）。

起重机上的移动电动机和提升电动机均采用电磁抱闸制动器制动，它们分别是：副钩制动器 YB1；小车制动器 YB2；大车制动器 YB3、YB4；主钩制动器 YB5、YB6。其中，YB1～YB4 为两相电磁铁，YB5、YB6 为三相电磁铁。当电动机通电时，电磁抱闸制动器的线圈得电，使闸瓦与闸轮分开，电动机可以自由旋转；当电动机断电时，电磁抱闸制动器失电，闸瓦抱住闸轮使电动机制动停转。

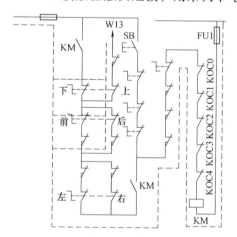

图 5-6　大车、小车、副钩起动准备控制电路电流通道

3. 大车、小车、副钩起动控制电路

（1）大车、小车、副钩起动准备控制电路

大车、小车、副钩开车：将 QCC1～QCC3 扳到零位，当急停开关 QS4、驾驶室舱门

SQ7、大车两端横梁门限位开关 SQ8、SQ9 和过电流继电器 KOC1～KOC4 起动条件满足，按下 SB，KM 得电。电流通道如图 5-6 所示。此时，大车、小车、副钩处于停止状态，为开车作好了准备。

（2）大车、小车、副钩运动电路

大车、小车、副钩起动运动（上下，左右，前后）由 QCC1～QCC3 的手轮位置确定。扳动凸轮控制器 QCC1～QCC3 至不同位置，可获得不同的运动状态。大车、小车、副钩运动（上下，左右，前后）控制电路电流通道如图 5-7 所示。

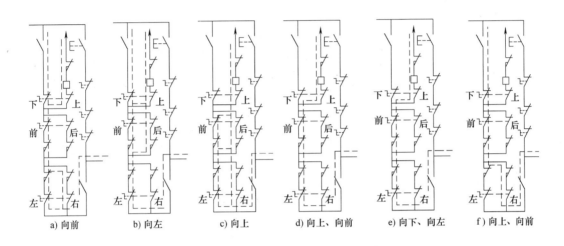

图 5-7　大车、小车、副钩运动控制电路电流通道

（3）保护电路

1）终端保护：SQ1、SQ2—小车前后限位开关；SQ3、SQ4—大车左右限位开关，SQ5、SQ6—分别为主副钩上限位开关。任何机构运行到极限位置时，KM 自动失电，所有电动机停转，实现终端保护。

2）欠电压保护：由 KM 本身实现，当电压降到一定值时，KM 所有触头均释放。

3）过电流保护：KOC1～KOC5 实现电动机过电流保护，KOC0 用作整个电路的过电流保护。

4）安全保护：SQ7、SQ8、SQ9 分别为驾驶室舱门、大车两端横梁门限位开关，开门时它们动作。KM 所有触头均释放。

5）急停保护：当遇到紧急情况时，扳动急停开关 QS4 使 KM 释放。

6）零位保护：由于断电或因保护装置的作用而使 KM 失电时，为了使起重机能重新工作，必须先将凸轮控制器 QCC1～QCC3 的手柄转到零位，QCC1-7、QCC2-7、QCC3-7 恢复闭合，再按 SB 才能使 KM 得电，这就实现了控制器的零位保护。

4. 主钩控制电路

主钩控制电路如图 5-8 所示，其中凸轮控制器 QCC4 触头分合展开图如图 5-9 所示。凸轮控制器 QCC4 作为零位保护，置零位时，KUV 通电自锁。

（1）主钩上升控制

转动凸轮控制器 QCC4 手轮（置上升"1"），使主钩电动机起动，提升。

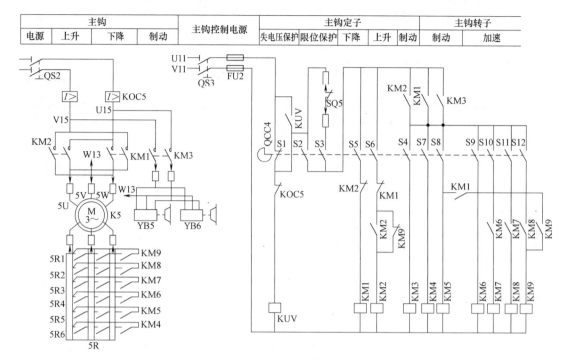

图 5-8　主钩控制电路

	QCC4												
		下降						上升					
		强力			制动								
		5	4	3	2	1	J	0	1	2	3	4	5	6
	S1							×						
	S2	×	×	×										
	S3				×	×	×		×	×	×	×	×	×
KM3	S4	×	×	×	×	×			×	×	×	×	×	×
KM1	S5	×	×	×										
KM2	S6				×	×	×		×	×	×	×	×	×
KM4	S7	×	×	×					×	×	×	×	×	×
KM5	S8	×	×	×			×			×	×	×	×	×
KM6	S9	×	×								×	×	×	×
KM7	S10	×										×	×	×
KM8	S11	×											×	×
KM9	S12	×	0	0										×

图 5-9　QCC4 触头分合展开图

转动凸轮控制器 QCC4 手轮（置上升"2"），使主钩电动机起动，提升。

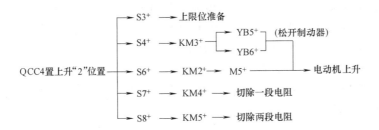

其他各挡类推。

（2）主钩下降控制

将凸轮控制器 QCC4 手轮置下降"J"挡，YB5、YB6 线圈未得电，电磁制动器处于抱闸制动状态。主钩电动机 M5 虽然产生正向电磁转矩，但不能起动旋转。这一挡是下降准备挡，使齿轮等传动部件啮合好，以防下放重物时突然快速运动而使传动机构受到剧烈的冲击。手柄置于"J"挡，时间不宜过长，以免烧坏电气设备。

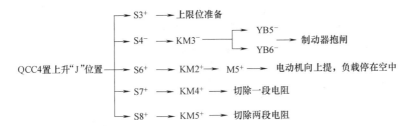

将手柄扳到制动下降位置"1"挡，YB5、YB6 线圈得电，电磁制动器处于抱闸松开状态。主钩电动机 M5 产生正向电磁转矩，可运转于正向电动状态（提升重物）或倒拉反接制动状态（低速下放重物）。当重物产生的负载倒拉转矩大于电动机产生的正向电磁转矩时，电动机处于倒拉反接制动状态，低速下放重物。当重物产生的负载倒拉转矩小于电动机产生的正向电磁转矩时，重物不但不能下降反而被提升，这时必须将 QCC4 的手柄迅速扳到下一挡。

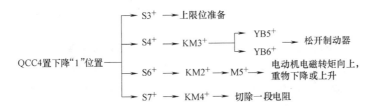

注意：接触器 KM1、KM2 与 KM3 常开触头的并联如图 5-10 所示，可保证凸轮控制器 QCC4 进行制动下降"2"挡和强力下降"3"挡切换时，KM3 线圈仍通电吸合，YB5、YB6 处于放松状态（非制动状态），防止换挡时出现高速制动而产生强烈的机械冲击。

将手柄扳到制动下降位置"2"挡，此时凸轮控制器触头 S3、S4、S6 仍闭合，S7 分断，接触器 KM4 线圈释放，附加电阻全部接入转子回路，使电动机产生的电磁转矩减小（方向向上），相对"1"挡位置，重负载下降速度加快。这样，操作者可根据重负载情况及下降速度要求，适当选择"1"挡或"2"挡。

　　将手柄扳到强力下降位置"3"挡,电磁制动器 YB5、YB6 抱闸松开,电动机 M5 产生反向电磁转矩,转子切除两级电阻,电动机工作在反转电动状态（强力下降重物）,且下降速度与负载重量有关。若负载较轻（空钩或轻载）,则电动机 M5 处于反转电动状态;若负载较重,下放重物的速度很高,将使电动机转速超过同步转速,进入再生发电制动状态。负载越重,下降速度越大,此时,应注意操作安全。

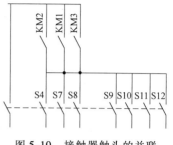

图 5-10　接触器触头的并联

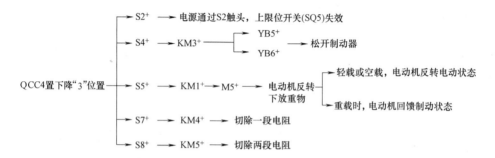

　　将手柄扳到强力下降位置"4"挡,切除电阻 5R4,电动机 M5 进一步加速运动,轻负载下降速度变快。

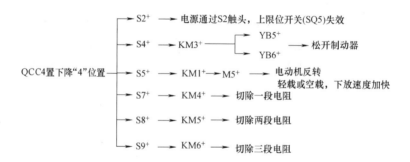

　　将手柄扳到强力下降位置"5"挡,凸轮控制器 QCC4 的触头除"4"挡闭合外,又增加了触头 S10、S11、S12 闭合,接触器 KM7、KM8、KM9 线圈依次得电,转子电阻 5R3、5R2、5R1 逐级被切除,以避免过大的冲击电流。同时,电动机 M5 旋转速度逐渐增加,待转子电阻全部切除后,电动机以最高转速运行,此时,负载下降速度最快。若负载很重,使实际下降速度超过电动机的同步转速时,电动机将进入回馈制动状态,保证了负载的下载速度不致太快,且在同一负载下,"5"挡下降速度比"4"挡和"3"挡速度低。

　　当"3","4","5"挡在轻载或空载运行状态时,电动机处于反向电动状态,强行下放重物。且"3"挡速度最低,"5"挡最高;当"3","4","5"挡在重载运行状态时,若电动机转速超过同步转速,电动机将处于回馈制动状态,且"3"挡速度最高,"5"挡最低。

　　在"5"挡重载时,电动机处于回馈制动状态。若需要返回到"1"挡或"2"挡,则

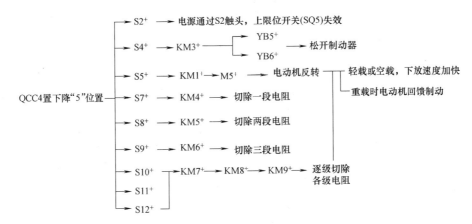

必须经过"3"、"4"挡。在经过"3"、"4"挡时，要确保制动转矩不变，即由"5"挡经过"3"、"4"挡时，转子串入电阻不变。

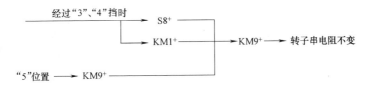

若操作人员将手柄误停在"3"、"4"挡时，由于在由"5"挡转向"0"时S12闭合，KM9得电，确保电动机转子串入电阻不变，制动转矩不变。

由以上分析可见，凸轮控制器QCC4手柄置于制动下降位置"J"、"1"、"2"挡时，电动机M5加正序电压，其中"J"挡为准备挡。当负载较重时，"1"挡和"2"挡电动机都运转在负载倒拉反接制动状态，可获得重载低速下降，且"2"挡比"1"挡速度高，若负载较轻时，电动机运行在正向电动状态，重物不但不能下降，反而会被提升。

当QCC4手柄置于强力下降位置"3"、"4"、"5"挡时，电动机M5加负序电压。若负载较轻或空钩时，电动机工作在电动状态，强迫下放重物，"5"挡速度最高，"3"挡速度最低；若负载较重，则可以得到超过同步转速的下降速度，电动机工作在回馈制动状态，且"3"挡速度最高，"5"挡速度最低。由于"3"和"4"挡速度较高，很不安全，因而只能选"5"挡速度。

手柄在强力下降位置"5"挡时，仅选用起重负载小的场合。如果需要较低的下降速度或起重负载较大的情况下，就需要将凸轮控制器手柄扳回到制动下降位置"1"或"2"挡，进行反接制动，这时，必然要经过"4"挡和"3"挡。为了避免在转换过程中可能发生的过高下降速度，在电路上设置了KM9、KM1常开触头的串联，如图5-11所示。这样可以保证凸轮控制器手柄由强力下降位置向制动下降位置转换时，接触器KM9线圈始终有电，只有手柄扳至制动下降位置后，KM9线圈才断电。如果没有以上电

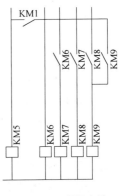

图5-11　联锁电路

路，在手柄由强力下降位置向制动下降位置转换时，若操作人员不小心，误将手柄停在了"3"挡或"4"挡，那么，正在高速下降的负载速度不但得不到控制，反而使下降速度增加，很可能造成恶性事故。

【任务评价】

任务评价标准见表 5-2。

表 5-2　20/5T 桥式起重机电气控制电路检修评价表

项目内容	配分	评分标准	扣分	得分
故障分析	30 分	排除故障前不进行调查研究，扣 5 分 检修思路不正确，扣 5 分 标不出故障点、线或标错位置，每个故障点扣 10 分		
检修故障	60 分	切断电源后不验电，扣 5 分 使用仪表和工具不正确，每次扣 5 分 检查故障的方法不正确，扣 10 分 查出故障不会排除，每个故障扣 20 分 检修中扩大故障范围，扣 10 分 少查出故障，每个扣 20 分 损坏电器元件，扣 30 分 检修中或检修后试车操作不正确，每次扣 5 分		
安全、文明生产	10 分	防护用品穿戴不齐全，扣 5 分 检修结束后未恢复原状，扣 5 分 检修中丢失零件，扣 5 分 出现短路或触电，扣 10 分		
工时		工时为 1h，检查故障不允许超时，修复故障允许超时，每超时 5min 扣 5 分，最多可延长 20min		
合计	100 分			
备注	每项扣分最高不超过该项配分			

习　题　五

一、试叙述提升电动机的工作状态。

二、凸轮控制器 QCC1 ~ QCC3 的手柄转到零位，QCC1—7、QCC2—7、QCC3—7 恢复闭合，这样设计的主要目的是什么？

三、在图 5-12 中画出大车、小车、副钩向前，向左、向下运动时的电流通路。

四、在图 5-10 中，为什么要采用接触器 KM1、KM2 与 KM3 常开触头的并联？

五、在图 5-13 所示的主钩控制电路中，为什么在下降"J"挡、"1"挡、"2"挡中，为什么 QCC4 的触头 S3 总是接通的，S2 触头总是断开的？

六、阅读分析凸轮控制器 QCC1 ~ QCC4 的触头分合图。

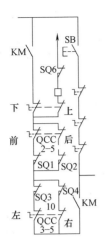

图 5-12 大车、小车、副钩控制电路

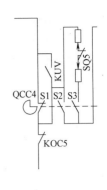

图 5-13 主钩控制电路

参 考 文 献

[1] 许翏. 工厂电气控制设备 [M]. 北京：机械工业出版社，2000.

[2] 万吉滨. 机床电气控制 [M]. 北京：高等教育出版社，2009.

[3] 范次猛. 机电设备电气控制技术 [M]. 北京：高等教育出版社，2008.